JISUANJI WANGLUO GUANJIAN JISHU YANJIU
计算机网络关键技术研究

郭胜召　著

U0202576

西北工业大学出版社

西安

【内容简介】 计算机网络技术是计算机科学与技术领域中发展最迅速的新兴技术,也是计算机应用中最活跃的领域。随着 Internet 的发展和全球信息化进程的推进,计算机网络技术已成为相关人员工作、学习和生活所必须掌握的技能。

本书主要介绍网络的基础知识、网络研究的关键技术以及网络的配置与应用等方面的内容。

本书可作为高校计算机专业的教科书,也可供对计算机研究有兴趣的人士阅读参考。

图书在版编目(CIP)数据

计算机网络关键技术研究 / 郭胜召著 . — 西安 :
西北工业大学出版社,2018.9
ISBN 978 - 7 - 5612 - 6281 - 8

Ⅰ. 计… Ⅱ.①郭… Ⅲ. ①计算机网络 — 研究
Ⅳ.①TP393
中国版本图书馆 CIP 数据核字(2018)第 220865 号

策划编辑:刘宇龙
责任编辑:刘宇龙

出版发行	西北工业大学出版社
通信地址	西安市友谊西路 127 号　　　　邮编:710072
电　话	(029)88493844　88491757
网　址	www.nwpup.com
印 刷 者	陕西向阳印务有限公司
开　本	787 mm×1 092 mm　　　　1/16
印　张	11
字　数	280 千字
版　次	2018 年 9 月第 1 版　　　　2018 年 9 月第 1 次印刷
定　价	30.00 元

前　言

随着信息技术的高速发展，人类的生活发生了翻天覆地的变化，计算机网络在其中发挥着巨大的作用。掌握计算机网络基本知识和应用技术，使自己具备信息时代所要求的科学素质，已成为现今大学生最基本的要求。

本书凝聚了笔者多年的网络教学经验，全面系统的介绍了计算机网络技术知识，对于学生来说能起到指导性的作用。本书从网络的形成与发展讲起，涵盖了网络的功能、网络的分类、数据通信基础知识、数据传输同步及交换技术、信道复用技术、计算机网络体系结构 OSI 七层模型及 TCP/IP 体系结构、常用网络传输介质、局域网技术、常用网络的硬件设备、IP 地址、子网掩码、子网规划以及网络管理和网络安全方面的知识等。

根据笔者的科研方向，本书还阐述了无线 AdHoc 网络的 QoS 路由算法和拥塞控制算法、入侵检测算法，并给出了一个"互联网＋"下移动智慧校园应用体系设计的网络应用的实例。

在本书撰写过程中得到了山东管理学院领导和老师的大力支持，并提出了许多宝贵的意见，在此表示衷心感谢。撰写本书曾参阅了相关文献资料及网络图片等，在此，谨向其作者深表谢意。

由于笔者水平有限，书中错误或不妥之处，恳请读者指正。

郭胜召

2018 年 4 月

目　　录

第一章 计算机网络概述

在过去的三百多年中,每一个世纪都有一种技术占据主要的地位。18世纪伴随着工业革命而来的是伟大的机械时代,19世纪是蒸汽机时代,20世纪的关键技术是信息的获取、存储、传送、处理和利用,而21世纪的一些重要特征就是数字化、网络化和信息化,它是以网络为核心的信息时代。因特网是自印刷术以来人类通信方面最大的变革。现在人们的生活、工作、学习和交往都已离不开因特网。

计算机是20世纪人类最伟大的发明之一,它的产生标志着人类开始迈进一个崭新的信息社会,新的信息产业正以强劲的势头迅速崛起。为了提高信息社会的生产力,提供一种全社会的、经济的、快速的存取信息的手段是十分必要的,因而,计算机网络这种手段也应运而生,并且在我们以后的学习生活中,它都起着举足轻重的作用,其发展趋势更是可观。

因特网起源于20世纪60年代中期由美国国防部高级研究计划局(Advanced Research Project Agency,ARPA)资助的ARPAnet。随着后续的发展,网络对科技、社会、生活产生了巨大的影响。

1.1 计算机网络的定义

计算机网络是通信技术与计算机技术密切结合的产物。它最简单的定义是:以实现远程通信为目的,一些互连的、独立自治的计算机的集合。("互连"是指各计算机之间通过有线或无线通信信道彼此交换信息。"独立自治"则强调它们之间没有明显的主从关系)1970年,美国信息学会联合会发布了计算机网络的定义:以相互共享资源(硬件、软件和数据)方式而连接起来,且各自具有独立功能的计算机系统之集合。此定义有三个含义:一是网络通信的目的是共享资源;二是网络中的计算机是分散且具有独立功能的;三是有一个全网性的网络操作系统。

随着计算机网络体系结构的标准化,计算机网络又被定义为:计算机网络具有三个主要的组成部分:①能向用户提供服务的若干主机;②由一些专用的通信处理机(即通信子网中的结点交换机)和连接这些结点的通信链路所组成的一个或数个通信子网;③为主机与主机、主机与通信子网,或者通信子网中各个结点之间通信而建立的一系列协议。

也有人将计算机网络定义为将一群具有独立功能的计算机通过通信设备及传输媒体被互联起来,在通信软件的支持下,实现计算机间资源共享、信息交换或协同工作的系统。计算机网络是计算机技术和通信技术紧密结合的产物,两者的迅速发展及相互渗透,形成了计算机网络技术。

1.2　计算机网络的发展历程

计算机网络已经历了由单一网络向互联网发展的过程。1997年,在美国拉斯维加斯的全球计算机技术博览会上,微软公司总裁比尔·盖茨先生发表了著名的演说。他在演说中强调:"网络才是计算机!"这一精辟论点充分体现出信息社会中计算机网络的重要基础地位。计算机网络技术的发展越来越成为当今世界高新技术发展的核心之一,而它的发展历程也曲曲折折,绵延至今。计算机网络的发展分为以下几个阶段。

1.第一阶段——诞生阶段(计算机终端网络)

20世纪60年代中期之前的第一代计算机网络是以单个计算机为中心的远程联机系统。典型应用是由一台计算机和全美范围内2 000多个终端组成的飞机订票系统。终端是一台计算机的外部设备包括显示器和键盘,无CPU和内存。随着远程终端的增多,在主机前增加了前端机(FEP)。当时,人们把计算机网络定义为"以传输信息为目的而连接起来,实现远程信息处理或进一步达到资源共享的系统",但这样的通信系统已具备网络的雏形。早期的计算机为了提高资源利用率,采用批处理的工作方式。为适应终端与计算机的连接,出现了多重线路控制器。

2.第二阶段——形成阶段(计算机通信网络)

20世纪六七十年代的第二代计算机网络是以多个主机通过通信线路互联起来,为用户提供服务,兴起于20世纪60年代后期,典型代表是美国国防部高级研究计划局协助开发的ARPAnet。主机之间不是直接用线路相连,而是由接口报文处理机(IMP)转接后互联的。IMP和它们之间互联的通信线路一起负责主机间的通信任务,构成了通信子网。通信子网互联的主机负责运行程序,提供资源共享,组成资源子网。这个时期,网络概念为"以能够相互共享资源为目的互联起来的具有独立功能的计算机之集合体",形成了计算机网络的基本概念。

ARPA网是以通信子网为中心的典型代表。在ARPA网中,负责通信控制处理的CCP称为接口报文处理机IMP(或称结点机),以存储转发方式传送分组的通信子网称为分组交换网。

3.第三阶段——互联互通阶段(开放式的标准化计算机网络)

20世纪70年代末至90年代的第三代计算机网络是具有统一的网络体系结构并遵守国际标准的开放式和标准化的网络。ARPAnet兴起后,计算机网络发展迅猛,各大计算机公司相继推出自己的网络体系结构及实现这些结构的软硬件产品。由于没有统一的标准,不同厂商的产品之间互联很困难,人们迫切需要一种开放性的标准化实用网络环境,这样应运而生了两种国际通用的最重要的体系结构,即TCP/IP体系结构和国际标准化组织的OSI体系结构。

4.第四阶段——高速网络技术阶段(新一代计算机网络)

20世纪90年代到现在的第四代计算机网络,由于局域网技术发展成熟,出现光纤及高速网络技术,多媒体网络,智能网络,整个网络就像一个对用户透明的大的计算机系统,发展为以Internet为代表的互联网。而其中Internet(因特网)的发展也分以下三个阶段。

(1)从单一的APRAnet发展为互联网。

1969 年,创建的第一个分组交换网 ARPAnet 只是一个单个的分组交换网(不是互联网)。20 世纪 70 年代中期,ARPA 开始研究多种网络互连的技术,这导致互联网的出现。1983 年,ARPAnet 分解成两个:一个是实验研究用的科研网 ARPAnet(人们常把 1983 年作为因特网的诞生之日),另一个是军用的 MILNET。1990 年,ARPAnet 正式宣布关闭,实验完成。

(2)建成三级结构的因特网

1986 年,NSF 建立了国家科学基金网 NSFNET。它是一个三级计算机网络,分为主干网、地区网和校园网。1991 年,美国政府决定将因特网的主干网转交给私人公司来经营,并开始对接入因特网的单位收费。1993 年因特网主干网的速率提高到 45Mb/s。

(3)建立多层次 ISP 结构的因特网

从 1993 年开始,由美国政府资助的 NSFNET 逐渐被若干个商用的因特网主干网(即服务提供者网络)所替代。用户通过因特网提供者 ISP 上网。1994 年开始创建了 4 个网络接入点 NAP(Network Access Point),分别为 4 个电信公司。1994 年起,因特网逐渐演变成多层次 ISP 结构的网络。1996 年,主干网速率为 155 Mb/s(OC−3)。1998 年,主干网速率为 2.5 Gb/s(OC−48)。

我国计算机网络起步于 20 世纪 80 年代。1980 年进行联网试验,并组建各单位的局域网。1989 年 11 月,第一个公用分组交换网建成运行。1993 年建成新公用分组交换网 CHINANET。80 年代后期,相继建成各行业的专用广域网。1994 年 4 月,我国用专线接入因特网(64kb/s)。1994 年 5 月,设立第一个 WWW 服务器。1994 年 9 月,中国公用计算机互联网启动。目前已建成 9 个全国性公用计算机网络(2 个在建)。2004 年 2 月,建成我国下一代互联网 CNGI 主干试验网 CERNET2 并提供服务(2.5~10Gb/s)。

1.3 计算机网络的组成

从物理连接和逻辑功能两方面进行划分,网络由不同的部分组成。

从物理连接上讲,计算机网络由计算机系统、通信链路和网络节点组成。计算机系统进行各种数据处理,通信链路和网络节点提供通信功能。

计算机网络中的计算机系统主要担负数据处理工作,它可以是具有强大功能的大型计算机,也可以是一台微机,其任务是进行信息的采集、存储和加工处理。

网络节点主要负责网络中信息的发送、接收和转发。网络节点是计算机与网络的接口,计算机通过网络节点向其他计算机发送信息,鉴别和接收其他计算机发送来的信息。在大型网络中,网络节点一般由一台通信处理机或通信控制器来担当,此时的网络节点还具有存储转发和路径选择的功能,在局域网中使用的网络适配器也属于网络节点。通信链路是连接两个节点的通信信道,通信信道包括通信线路和相关的通信设备。通信线路可以是双绞线、同轴电缆和光纤等有线介质,也可以是微波、红外等无线介质。相关的通信设备包括中继器、调制解调器等,中继器的作用是将数字信号放大,调制解调器则能进行数字信号和模拟信号的转换,以便将数字信号通过只能传输模拟信号的线路来传输。

从逻辑功能上看,可以把计算机网络分成通信子网和资源子网,如图 1−1 所示。

通信子网提供计算机网络的通信功能,由网络节点和通信链路组成。通信子网是由节点处理机和通信链路组成的一个独立的数据通信系统。

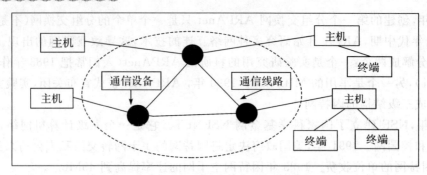

图 1-1　计算机网络的功能

资源子网提供访问网络和处理数据的能力,由主机、终端控制器和终端组成。主机负责本地或全网的数据处理,运行各种应用程序或大型数据库系统,向网络用户提供各种软硬件资源和网络服务;终端控制器用于把一组终端连入通信子网,并负责控制终端信息的接收和发送。终端控制器可以不经主机直接和网络节点相连,当然还有一些设备也可以不经主机直接和节点相连,如打印机和大型存储设备等。

1.4　计算机网络的功能

数据通信

计算机网络能够进行数据通信、实现资源共享,进行分布式处理,提高系统的可靠性。

(1)数据通信是计算机网络的基本功能之一,用于实现计算机之间的信息传送。如在网上收发电子邮件,发布新闻消息,进行电子商务、远程教育、远程医疗,传递文字、图像、声音、视频等信息。

(2)计算机资源主要是指计算机的硬件、软件和数据资源。共享硬件资源可以避免贵重硬件设备的重复购置,提高硬件设备的利用率;共享软件资源可以避免软件开发的重复劳动与大型软件的重复购置,进而实现分布式计算的目标;共享数据资源可以促进人们相互交流,达到充分利用信息资源的目的。

(3)对于综合性大型科学计算和信息处理问题,可以采用一定的算法,将任务分交给网络中不同的计算机,以达到均衡使用网络资源,实现分布处理的目的。

(4)在计算机网络系统中,可以通过结构化和模块化设计将大的、复杂的任务分别交给几台计算机处理,用多台计算机提供冗余,这样可靠性大大提高。当某台计算机发生故障时,不至于影响整个系统中其他计算机的正常工作,使被损坏的数据和信息能得到恢复。

1.5　计算机网络的分类

由于计算机网络的广泛使用,目前在世界上出现了各种类型的计算机网络。对网络的分类方法也有很多。从不同角度观察网络、划分网络,有利于全面了解网络系统的各种特性。

(1)根据网络的覆盖范围划分,可分为局域网、城域网、广域网。局域网(LAN, Local Area Network),一般用微机通过高速通信线路连接,覆盖范围从几百米到几公里,通常用于覆盖一个房间、一层楼或一座建筑物。局域网传输速率高,可靠性好,适用各种传输介质,建设成本低。

城域网(MAN,Metropolitan Area　Network),是在一座城市范围内建立的计算机通信网,通常使用与局域网相似的技术,但对媒介访问控制在实现方法上有所不同,它一般可将同一城市内不同地点的主机、数据库以及 LAN 等互相连接起来。

广域网(WAN,Wide Area Network),用于连接不同城市之间的 LAN 或 MAN。广域网的通信子网主要采用分组交换技术,常常借用传统的公共传输网(如电话网),这就使广域网的数据传输相对较慢,传输误码率也较高。随着光纤通信网络的建设,广域网的速度将大大提高。广域网可以覆盖一个地区或国家。国际互联网,又叫因特网(Internet),是覆盖全球的最大的计算机网络,但实际上不是一种具体的网络技术,因特网将世界各地的广域网、局域网等互联起来,形成一个整体,实现全球范围内的数据通信和资源共享。

(2)按网络的拓扑结构划分:分为总线型网络、星型网络、环型网络、树状网络和混合型网络等。拓扑是从图论演变而来的,是一种研究与大小形状无关的点、线、面特点的方法。把网络中的计算机等设备抽象为点,把网络中的通信媒体抽象为线,这样就形成了由点和线组成的几何图形,即采用拓扑学方法抽象出的网络结构,我们称之为网络的拓扑结构。

总线型网络结构简单灵活、可扩充、性能好。但是由于所有的工作站通信均通过一条共用的总线,所以实时性差,并且总线的任何一点故障,都会造成整个网络的瘫痪。

星型网络的优点是建网容易,控制相对简单,其缺点是属于集中控制,对中心节点依赖性大。

环型网络是局域网中常用的拓扑结构,可用令牌控制来协调控制各节点的发送。

树型网络结构适用于相邻层通信较多的情况,典型的应用是低层节点解决不了的问题,请求中层解决,中层计算机解决不了的问题请求顶部的计算机来解决。

(3)按传输介质划分,分为有线网和无线网。有线网采用双绞线、同轴电缆、光纤或电话线作传输介质。采用双绞线和同轴电缆连成的网络经济且安装简便,但传输距离相对较短。以光纤为介质的网络传输距离远,传输率高,抗干扰能力强,安全好用,但成本稍高。

无线网主要以无线电波或红外线为传输介质,联网方式灵活方便,但联网费用稍高,可靠性和安全性还有待改进。另外,还有卫星数据通信网,它是通过卫星进行数据通信的。

(4)按网络的使用性质划分,分为公用网和专用网。公用网(Public Network),是一种付费网络,属于经营性网络,由商家建造并维护,消费者付费使用。

专用网(Private Network),是某个部门根据本系统的特殊业务需要而建造的网络,这种网络一般不对外提供服务。例如军队、银行、电力等系统的网络就属于专用网。

1.6　网络的性能指标

1.速率

比特(bit)是计算机中数据量的单位,也是信息论中使用的信息量的单位。

"bit"来源于"binary digit",意思是一个"二进制数字",因此一个比特就是二进制数字中的一个 1 或 0。

速率即数据率(data rate)或比特率(bit rate)是计算机网络中最重要的一个性能指标。速率的单位是 b/s,或 Kb/s, Mb/s, Gb/s 等

速率往往是指额定速率或标称速率。

2. 带宽

"带宽"(bandwidth)本来是指信号具有的频带宽度,单位是 Hz(或 kHz、MHz、GHz 等)。

现在"带宽"是数字信道所能传送的"最高数据率"的同义语,单位是"比特每秒",或 b/s (bit/s)。

如图 1-2 所示,在时间轴上信号的宽度随带宽的增大而变窄。

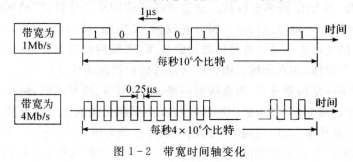

图 1-2 带宽时间轴变化

3. 吞吐量

吞吐量(throughput)表示在单位时间内通过某个网络(或信道、接口)的数据量。

吞吐量更经常地用于对现实世界中的网络的一种测量,以便知道实际上到底有多少数据量能够通过网络。

吞吐量受网络的带宽或网络的额定速率的限制。

4. 时延

传输时延(发送时延):发送数据时,数据块从结点进入到传输媒体所需要的时间。也就是从发送数据帧的第一个比特算起,到该帧的最后一个比特发送完毕所需的时间。

发送时延=数据块长度(bit)/信道带宽(bit/s)

传播时延:电磁波在信道中需要传播一定的距离而花费的时间。

信号传输速率(即发送速率)和信号在信道上的传播速率是完全不同的概念。

传播时延=信道长度(m)/信号在信道上的传播速率(m/s)

处理时延:交换结点为存储转发而进行一些必要的处理所花费的时间。

排队时延:结点缓存队列中分组排队所经历的时延。排队时延的长短往往取决于网络中当时的通信量。

数据经历的总时延就是发送时延、传播时延、处理时延和排队时延之和:

总时延=发送时延+传播时延+处理时延+排队时延

如从结点 A 向结点 B 发送数据,四种时延所产生的位置,如图 1-3 所示。

5. 利用率

信道利用率指出某信道有百分之几的时间是被利用的(有数据通过)。完全空闲的信道的利用率是零。

网络利用率则是全网络的信道利用率的加权平均值。信道利用率并非越高越好。

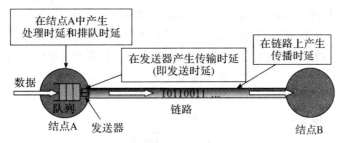

图 1-3 四种时延产生的位置

1.7 网络体系结构

所谓网络体系就是为了完成计算机间的通信合作,把每个计算机互联的功能划分成有明确定义的层次,规定了同层次进程通信的协议及相邻层之间的接口及服务。将这些同层进程通信的协议以及相邻层接口统称为网络体系结构。

数据交换、资源共享是计算机网络的最终目的。要保证有条不紊地进行数据交换,合理地共享资源,各个独立的计算机系统之间必须达成某种默契,严格遵守事先约定好的一整套通信规程,包括严格规定要交换的数据格式、控制信息的格式和控制功能以及通信过程中事件执行的顺序等。这些通信规程我们称之为网络协议(Protocol)。

网络协议主要由以下三个要素组成。

(1)语法,即用户数据与控制信息的结构或格式。

(2)语义,即需要发出何种控制信息,以及完成的动作与做出的响应。

(3)时序,是对事件实现顺序的详细说明。

网络协议对计算机网络是不可缺少的,一个功能完备的计算机网络需要制定一整套复杂的协议集。

将一个复杂系统分解为若干个容易处理的子系统,然后"分而治之",这种结构化设计方法是工程设计中常见的手段,分层就是系统分解的最好方法之一。计算机网络系统是一个十分复杂的系统。计算机网络的协议就是分层的,分层有助于网络的实现和维护,有助于技术发展,有助于网络产品的生产,能促进标准化工作。层与层之间相对独立,各层完成特定的功能,每一层都为上一层提供某种服务,最高层为用户提供诸如文件传输、电子邮件、打印等网络服务。

层次结构划分的原则主要有三点:①每层的功能应是明确的,并且是相互独立的。②层间接口必须清晰,跨越接口的信息量应尽可能少。③层数应适中。

计算机网络的协议是按照层次结构模型来组织的,我们将网络层次结构模型与计算机网络各层协议的集合称为网络的体系结构或参考模型。

计算机网络体系结构以功能作为划分层次的基础。第 n 层的实体在实现自身定义的功能时,只能使用第 n−1 层提供的服务。第 n 层在向第 n+1 层提供的服务时,此服务不仅包含第 n 层本身的功能,还包含由下层服务提供的功能。仅在相邻层间有接口,且所提供服务的具体实现细节对上一层完全屏蔽。

不同网络体系结构的共同之处在于它们都采用了分层技术,但层次的划分、功能的分配与采用的技术术语均不相同,结果导致了不同网络之间难以互连。

常见的网络体系结构有 OSI 参考模型和 TCP/IP 参考模型。

(1)1977 年,国际标准化组织提出了开放系统互连参考模型(OSI,Open System Interconnection)的概念,1984 年 10 月正式发布了整套 OSI 国际标准。

如图 1-4 所示,OSI 参考模型将网络的功能划分为 7 个层次,从下向上分别为物理层、数据链路层、网络层、传输层、会话层、表示层和应用层。

第七层	应用层
第六层	表示层
第五层	会话层
第四层	传输层
第三层	网络层
第二层	数据链路层
第一层	物理层

图 1-4　网络的 7 个功能层次

OSI 模型各层主要功能简单归纳如下:

应用层:与用户应用进程的接口,即相当于"做什么?"

表示层:数据格式的转换,即相当于"对方看起来像什么?"

会话层:会话的管理与数据传输的同步,即相当于"轮到谁讲话和从何处讲?"

传输层:从端到端经网络透明地传送报文,即相当于"对方在何处?"

网络层:分组交换和路由选择,即相当于"走哪条路可到达该处?"

数据链路层:在链路上无差错的传送帧,即相当于"每一步该怎么走?"

物理层:将比特流送到物理媒体上传送,即相当于"对上一层的每一步应该怎样利用物理媒体?"

OSI 参考模型的网络功能可分为三组,下两层解决网络信道问题,第三、四层解决传输服务问题,上三层处理应用进程的访问,解决应用进程通信问题。

(2)TCP/IP 协议是 1974 年由 Vinton Cerf 和 Robert Kahn 开发的,随着 Internet 的飞速发展,TCP/IP 协议现已成为事实上的国际标准。TCP/IP 协议实际上是一组协议,是一个完整的体系结构。分为 4 个层次:网络接口层、互联层、传输层、应用层(见图 1-5)。

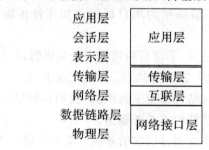

图 1-5　TCP/IP 协议的 4 个层次

(3)OSI 参考模型与 TCP/IP 参考模型的比较。TCP/IP 参考模型中没有数据链路层和物理层,只有网络与数据链路层的接口,可以使用各种现有的链路层、物理层协议。

TCP/IP 模型的网际层(也称互联层)对应于 OSI 模型的网络层,包括 IP(网际协议)、

ICMP(网际控制报文协议)、IGMP(网际组报文协议)以及 ARP(地址解析协议),这些协议处理信息的路由以及主机地址解析。

传输层对应于 OSI 模型的传输层,包括 TCP(传输控制协议)和 UDP(用户数据报协议),这些协议负责提供流控制、错误校验和排序服务,完成源到目标间的传输任务。

应用层对应于 OSI 模型的应用层、表示层和会话层,它包括了所有的高层协议,并且不断有新的协议加入。

OSI 参考模型与 TCP/IP 参考模型都采用了层次结构的概念,但二者在层次划分与使用的协议上是有很大区别的。

OSI 参考模型概念清晰,但结构复杂,实现起来比较困难,特别适合用来解释其他的网络体系结构。

TCP/IP 参考模型在服务、接口与协议的区别尚不够清楚,这就不能把功能与实现方法有效地分开,增加了 TCP/IP 利用新技术的难度,但经过 30 多年的发展,TCP/IP 模型赢得了大量的用户和投资,伴随着 Internet 的发展而成为目前公认的国际标准。

1.8 网络硬件

常见的网络硬件有网卡、集线器、中继器、网桥、路由器、交换机、网关等。

(1)网卡又叫网络适配器(NIC),是计算机网络中最重要的连接设备之一,一般插在机器内部的总线槽上,网线则接在网卡上(见图 1-6)。它的作用是提供固定的网络地址;接收网线上传来的数据,并把数据转换为本机可识别和处理的格式,通过计算机总线传输给本机;把本机要向网上传输的数据按照一定的格式转换为网络设备可处理的数据形式,通过网线传送到网上。

图 1-6 网卡

(2)集线器是计算机网络中连接多台计算机或其他设备的连接设备。集线器主要提供信号放大和中转的功能。一个 Hub 上往往有 4 个、8 个或更多的端口,可使多个用户机通过双绞线电缆与网络设备相连,形成带集线器的总线结构(通过 Hub 再连接成总线拓扑或星形拓扑)。Hub 上的端口彼此相互独立,不会因某一端口的故障影响其他用户。集线器只包含物理层协议。集线器有多种:按带宽的不同可分为 10Mbps、100Mbps 和 10/100Mbps。按照工作方式的不同,可分为智能型和非智能型。按配置形式的不同,可分为固定式、模块式和堆叠式。按端口数的不同,可分为 4 口、8 口、12 口、16 口、24 口和 32 口等(见图 1-7)。

(3)中继器的作用是为了放大电信号,提供电流以驱动长距离电缆,增加信号的有效传输距离(见图1-8)。从本质上看可以认为是一个放大器,承担信号的放大和传送任务。中继器属于物理层设备,用中继器可以连接两个局域网或延伸一个局域网,它连起来的仍是一个网络,与集线器处于同一协议层次。

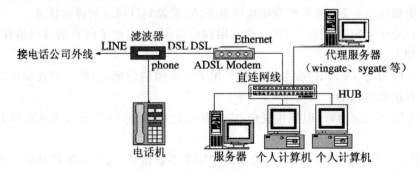

图1-7　集线器的不同种类

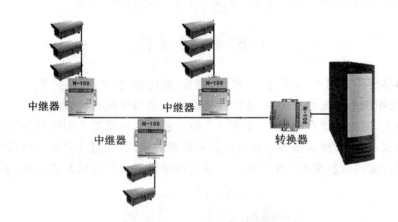

图1-8　中继器

(4)网桥是网络中的一种重要设备,它通过连接相互独立的网段从而扩大网络的最大传输距离(见图1-9)。网桥是一种工作在数据链路层的存储—转发设备。作为网段与网段之间的连接设备,它实现数据包从一个网段到另一个网段的选择性发送,即只让需要通过的数据包通过而将不必通过的数据包过滤掉,来平衡各网段之间的负载,从而实现网络间数据传输的稳定和高效。

(5)路由器属于网间连接设备,它能够在复杂的网络环境中完成数据包的传送工作(见图1-10)。它能够把数据包按照一条最优的路径发送至目的网络。路由器工作在网络层,并使用网络层地址(如IP地址等)。路由器可以通过调制解调器与模拟线路相连,也可以通过通道服务单元/数据服务单元(CSU/DSU)与数字线路相连。路由器比网桥功能更强,网桥仅考虑了在不同网段数据包的传输,而路由器则在路由选择、拥塞控制、容错性及网络管理方面做了更多的工作。

(6)交换机发展迅猛,基本取代了集线器和网桥,并增强了路由选择功能(见图1-11)。交换和路由的主要区别在于交换发生在OSI参考模型的数据链路层,而路由发生在网络层。交换机的主要功能包括物理编址、错误校验、帧序列以及流控制等。目前有些交换机还具有对虚拟局域网(VLAN)的支持、对链路汇聚的支持,有的甚至具有防火墙功能。交换机的外观与

Hub 相似。从应用领域来分,交换机可分为局域网交换机和广域网交换机;从应用规模来分,交换机可分为企业级交换机、部门级交换机和工作组级交换机。

(7)网关又称协议转换器,是软件和硬件的结合产品,主要用于连接不同结构体系的网络或用于局域网与主机之间的连接。网关工作在 OSI 模型的传输层或更高层,在所有网络互连设备中最为复杂,可用软件实现。网关没有通用产品,必须是具体的某两种网络互连的网关。目前广域网大多数采用 X.25 公用数据网,为了能从局域网上访问 X.25 的资源,就需要有一种设备把 X.25 和局域网的差别隐藏起来。中继器、网桥或路由器都不足以弥补巨大这两者间的差异,于是引入了网关。

网关用于类型不同且差别较大的网络系统间的互连,或用于不同体系结构的网络或者局域网与主机系统的连接,一般只能进行一对一的转换,或是少数几种特定应用协议的转换。它的概念模型如图 1-12 所示。

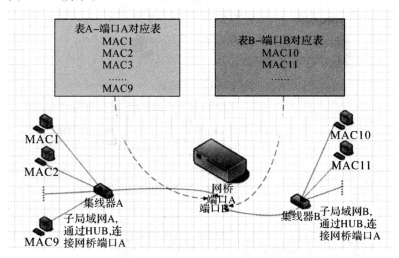

图 1-9 网桥

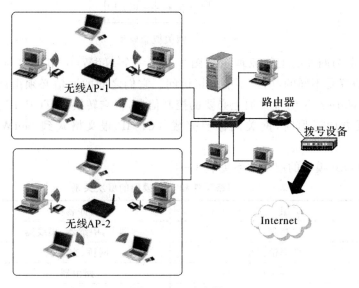

图 1-10 路由器

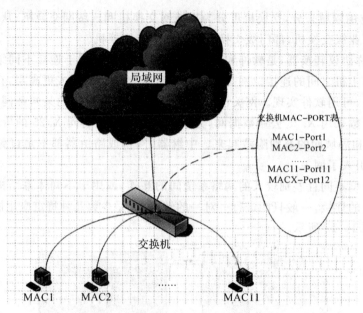

图 1-11 交换机

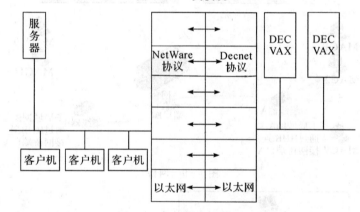

图 1-12 网关概念模型

图 1-13 所示为网关的工作原理示意图。如果一个 NetWare 节点要与 TCP/IP 主机通信，因为两者的协议是不同的，所以不能直接访问。它们之间的通信必须由网关来完成，网关的作用是为 NetWare 产生的报文加上必要的控制信息，将它转换成 TCP/IP 主机支持的报文格式。当需要反方向通信时，网关同样要完成 TCP/IP 报文格式到 NetWare 报文格式的转换。

网络硬件和 OSI 模型的层次关系见表 1-1。

表 1-1 网络硬件和 OSI 模型的层次关系

层　次	硬件名称
物理层	网卡、中继器、集线器
数据链路层	网桥、交换机
网络层	路由器
传输层、会话层、表示层、应用层	网关

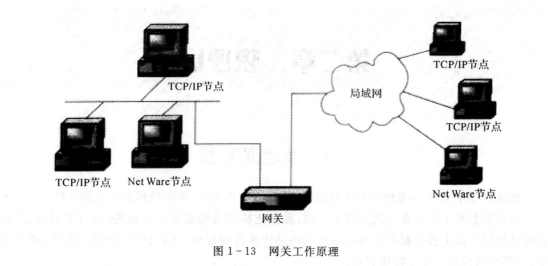

第二章 物理层

2.1 物理层功能

物理层位于 OSI 参考模型的最底层,提供一个物理连接,所传数据的单位是比特。

其功能是对上层屏蔽传输媒体的区别,提供比特流传输服务。也就是说,有了物理层后,数据链路层及以上各层都不需要考虑使用的是什么传输媒体,无论是用双绞线、光纤,还是用微波,都被看成是一个比特流管道。

物理层的主要任务是定义计算机网络通信中的如下几方面特性。

(1)机械特性:指明接口所用接线器的形状和尺寸、引线数目和排列方式、固定和锁定装置。

(2)电气特性:指明接口电缆各条线上的电压范围。

(3)功能特性:指明某条线上出现的某一电平的电压含义。

(4)规程特性:指明对于不同功能的各种可能事件的出现顺序。

2.2 网络的传输介质

传输介质是网络中连接收发双方的物理通路,也是通信中实际传送信息的载体。

1.传输介质的性能指标

通常,评价一种传输介质的性能指标主要包括以下内容。

(1)传输距离:数据的最大传输距离。

(2)抗干扰性:传输介质防止噪声干扰的能力。

(3)带宽:指信道所能传送的信号的频率宽度,也就是可传送信号的最高频率与最低频率之差。信道的带宽由传输介质、接口部件、传输协议以及传输信息的特性等因素所决定。它在一定程度上体现了信道的传输性能,是衡量传输系统的一个重要指标。通常,信道的带宽大,信道的容量也大,其传输速率相应也高。

(4)衰减性:信号在传输过程中会逐渐减弱。衰减越小,不加放大的传输距离就越长。

(5)性价比。

2.传输介质的分类

根据传输介质形态的不同,我们可以把传输介质分为有线传输介质和无线传输介质。

有线传输介质指用来传输电或光信号的导线或光纤。有线介质技术成熟,性能稳定,成本较低,是目前局域网中使用最多的介质。有线传输介质主要有双绞线、同轴电缆和光纤等。

(1)双绞线是把两条相互绝缘的铜导线绞合在一起。采用绞合的结构是为了减少对相邻导线的电磁干扰(见图 2-1)。

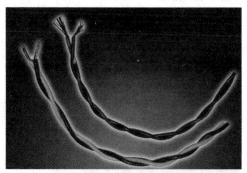

图 2-1　双绞线

根据单位长度上的绞合次数不同,把双绞线划分为不同规格。绞合次数越多,抵消干扰的能力就越强,制作成本也就越高。

根据双绞线外是否有屏蔽层又可分为屏蔽双绞线和非屏蔽双绞线,用得较多的是非屏蔽双绞线。电气工业协会(EIA)将非屏蔽双绞线又进行了分类,主要有:1 类线、2 类线、3 类线、4 类线、5 类线、超 5 类线、6 类线。目前用的比较广泛的是超 5 类线或 6 类线。

屏蔽双绞线比非屏蔽双绞线增加了一层金属丝网,这层丝网的主要作用是增强其抗干扰性能,同时可以在一定程度上改善带宽特性。屏蔽双绞线性能更好一些,但价格稍高。

双绞线用于 10/100 Mbps 局域网时,使用距离最大为 100 m。由于价格较低,因此被广泛使用。在局域网中常用四对双绞线,即四对绞合线封装在一根塑料保护软管里。

(2)同轴电缆由内导体铜芯、绝缘层、网状编织的外导体屏蔽层以及塑料保护层组成。由于屏蔽层的作用,同轴电缆有较好的抗干扰能力(见图 2-2)。

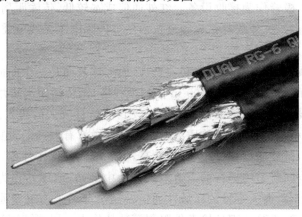

图 2-2　同轴电缆

通常按直径和特性阻抗不同将同轴电缆分为粗缆和细缆。粗缆直径为 10 mm,特性阻抗为 75Ω,使用中经常被频分复用,因此又被称为宽带同轴电缆,是有线电视(CATV)中的标准传输电缆。细缆直径为 5 mm,特性阻抗为 50Ω,经常用来传送没有载波的基带信号,因此又被称为基带同轴电缆。

(3)光纤是由非常透明的石英玻璃拉成细丝做成的,信号传播利用了光的全反射原理,当光从一种高折射率介质射向低折射率介质时,只要入射角足够大,就会产生全反射,这样一来,光就会不断在光纤中折射传播下去(见图 2-3)。

图 2-3 光纤

光纤有以下优点:带宽高,目前可以达到 100Mbps~2 Gbps;传输损耗小,中继距离长。无中继器的情况下,多模光纤可传输数千米。单模光纤传输距离更远,可达数十千米;无串音干扰,且保密性好;抗干扰能力强。由于光纤中传输的是光信号,所以不但不受其他电磁信号的干扰,也不会干扰其他通信系统;体积小,重量轻。缺点是:连接光纤需要专用设备,成本较高,并且安装、连接难度大。

无线传输的主要形式有无线电频率通信、红外通信、微波通信和卫星通信等。

(1)无线电频率是指从 1kHz 至 1GHz 的电磁波谱。在此频段范围中包括短波波段、超高频波段、甚高频波段。无线电频率通信中的扩展频谱通信技术是当前无线局域网的主流技术。

(2)红外通信是以红外线作为传输载体的一种通信方式。它以红外二极管或红外激光管作为发射源,以光电二极管作为接收设备。红外通信成本较低,传输距离短,具有直线传输、不能透射不透明物的特点。红外线与扩展频谱技术已被国际电工无线电委员会选为无线局域网的标准,即 IEEE802.11 标准。

(3)微波是沿直线传播的,收发双方必须直视,而地球表面是一个曲面,因此传播距离受到限制,一般只有 50 km 左右。若采用 100 m 高的天线塔,则传播距离可增大到 100 km。为实现远距离传输,必须设立若干中继站。中继站把收到的信号放大后再发送到下一站。微波受到的干扰比短波通信小得多,因而传输质量较高。另外微波有较高的带宽,通信容量较大。与远距离通信电缆相比,微波通信投资小,可靠性高,但隐蔽性和保密性差。

(4)卫星通信以空间轨道中运行的人造卫星作为中继站,地球站作为终端站,实现两个或者多个地球站之间的长距离大容量的区域性通信及至全球通信。卫星通信具有传输距离远、覆盖区域大、灵活、可靠、不受地理环境条件限制等独特优点。以覆盖面积来讲,一颗通信卫星可覆盖地球面积的三分之一多;若在地球赤道上等距离放上三颗卫星,就可以覆盖整个地球。

2.3 数据通信技术

数据通信是一门独立的学科,它涉及的范围很广。数据通信的任务是通过某种类型的介质(如电话线、光纤等)将数据从一个地点传送到另一个地点的通信方式。数据通信包括数据传输和数据在传输前后的处理。数据是信息的载体,是信息的表示形式,而信息是数据的具体含义。数据通信就是要研究用什么媒体、什么技术来使信息数据化以及如何传输它。

1.基本概念

数据：对于数据通信来说，被传输的二进制代码称之为"数据"(Data)。数据涉及对事物的表示形式，人们习惯将被传输的二进制代码的0,1称为码元。

信号：信号是数据在传输过程中的表示形式。数据必须转化为信号才能在媒体上传输。数据以模拟信号或数字信号的形式由一端传输到另一端。模拟信号是一种波形连续变化的电信号，它的取值可以是无限个，如电话送出的话音信号，电视摄像产生的图像信号等；数字信号是一种离散信号，它的取值是有限的，在数据通信系统中，传输模拟信号的系统称为模拟通信系统，而传输数字信号的系统称为数字通信系统。

通信信道：是指电信号沿发送器至接收器的通路，它包括传输介质及有关的中间通信设备。

传输：数据传输是指电信号把数据从发送端传送到接收端的过程。传输过程会使信号变化和带来噪声干扰，使数据传输后造成差错。

波特(信号传输速率)：度量信息传输快慢的单位。在数据传输系统中，每秒钟传送的码元数(脉冲数)。信号传输速率 Nb 可用公式 $Nb = 1/Ts$ 求出，Ts 为脉冲宽度。

比特/秒：度量通信系统每秒钟传输的信息量。

波特率：信道中每秒传输的波形数，单位是波特。

比特率：信道中每秒传输的二进制位数，单位是 bps

$$比特率＝波特率×每个波形所携带的位数$$

2.信道的通信方式

根据信号在信道上的传输方向，把数据通信方式分为单双工通信、半双工通信和全双工通信。

单工通信：单工通信操作方式，发送器和接收器之间只有一个传输通道，信息单方向地从发送机传输到接收机。

半双工通信：信息流可以在两个方向传输，但在同一时刻里限于一个方向传输。

全双工通信：是指同时作双向信息传输，要求两个设备之间有两个传输信道。

3.数据的同步方式

所谓同步，就是接收端要按照发送端所发送的每个码元的重复频率以及起止时间来接收数据，也就是在时间基准上必须取得一致。在通信时，接收端要校准自己的时间和重复频率，以便和发送端取得一致。分为异步传输和同步传输。

(1)异步传输。异步传输是以字符为单位的数据传输，每个字符都要附加1位起始位和1位终止位，以标记字符的开始和结束。起始位对应于二进制的0，以低电平表示，占用1位宽度；停止位对应于二进制的1，以高电平表示。

在异步传输模式下，传输介质在无数据传输时，一直处于1状态。一旦发送方检测到传输介质的状态由1变为0，就表示发送方发送的字符已传输至此，接收方即以这个电平状态的变化启动定时器，按起始位的速率接收字符，可见起始位起到了同步作用。

(2)同步传输。同步传输是以数据块为单位的数据传输，可以连续发送多个字符，每个数据块的头和尾都要附加一个特殊符号或比特序列，标记一个数据块的开始和结束。分为自同步法和外同步法。

自同步法是指同步信息可以从数据本身获得。例如曼彻斯特编码和差分曼彻斯特编码，它们的同步信息来自每个码元中间的跳变。

外同步法是在一组字符的前面附加 1 个（8 位）或 2 个（16 位）同步字符（SYN），表示该组字符传送的开始。接收方一旦收到发送方发来的 SYN，即按照此 SYN 来调整其时钟频率，以便和发送方保持同步，然后向发送方发一个确认信号，发送方接到确认信号后开始发送字符。

4.数据编码

所谓数据的编码，就是将数据转换成信号或将一种数据形式转换为另一种数据形式的过程；解码就是将信号还原成数据或将数据形式还原的过程。而调制和解调是最常用的一种编码与解码方法（见图 2-4）。

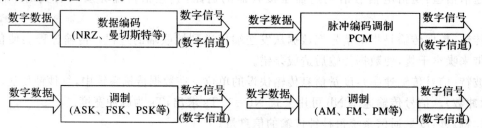

图 2-4　数据通信的传送方式

数据编码是实现数据通信最基本的一项工作，除了用模拟信号传送模拟数据不需要编码外，数字数据在数字信道上传送需要数字信号编码，数字数据在模拟信道上传送需要调制编码，模拟数据在数字信道上传递需要采样编码。

（1）数字数据的数字信号编码。数字信号可以直接采用基带传输。计算机系统中的信号是以 ASCII 码表示的二进制脉冲信号，只适合计算机内部部件之间通过内部总线传输。基带信号是将 ASCII 码信号经过编码后形成的。常用的数字信号编码有：单极不归零、双极不归零、单极归零、双极归零、曼彻斯特编码和差分曼彻斯特编码（见图 2-5）。

单极不归零编码：在一个码元时间内，有电流表示"1"码，无电流表示"0"码，码元"1"和"0"分别用两个电平值 1.0 和 0 表示，码元之间没有间隔。

双极不归零编码：在一个码元时间内，正电流表示"1"码，负电流表示"0"码。

以上两种的缺点：当出现连续 0 或连续 1 时，难分辨一位的结束和另一位的开始。

单极归零编码：在一个码元"1"时有电流，码元"0"时无电流，但有电流时间短于一个码元时间。码元之间有间隔，每一个码元脉冲归零一次。

双极归零编码：双极性脉冲，但正脉冲与负脉冲之间的间隔短于一个码元的持续时间均应归零。

差分脉冲编码：当码元为"0"时，改变脉冲的极性，当码元为"1"时，不改变脉冲极性。

曼彻斯特编码：用电压跳变的相位不同来区分 1 和 0。负电平到正电平的跳变表示 1，正电平到负电平的跳变表示 0。跳变都发生在每一个码元的中间，接收端可以方便地利用它作为位同步时钟。

差分曼彻斯特编码：每一位的中间跳变只用于作同步时钟信号；0 和 1 的取值判断是用位的起始处有无跳变来表示（有跳变为 0，无跳变为 1）。

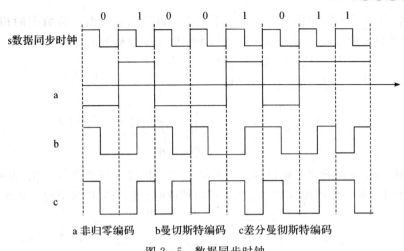

a 非归零编码　　b 曼切斯特编码　　c 差分曼彻斯特编码

图 2-5　数据同步时钟

(2)数字数据调制编码。发送端将数字数据信号变换成模拟数据信号的过程称为调制(Modulation)，调制设备就称为调制器(Modulator)；接收端将模拟数据信号还原成数字数据信号的过程称为解调(Demodulation)，解调设备就称为解调器(Demodulator)。若发送端和接收端以全双工方式进行通信时，就需要一个同时具备调制和解调功能的设备，称为调制解调器(Modem)。

目前计算机通信网中用的是数字调制，用载波振荡的某些离散状态表征所传达的信息，在接收端也只要对载波振荡的调制参数进行检测。

数字调制信号也称为键控信号。在二元制情况下，有振幅键控（ASK）、频率键控(FSK)、相位键控(PSK)三种基本的信号形式(见图 2-6～图 2-9)。

使用调制解调器对数字数据进行模拟信号编码的原理是：用被编码的数字数据控制载波信号的基本要素。载波具有三大要素，即振幅、频率和相位，数字数据可以针对载波的不同要素或它们的组合进行调制。

移幅键控 ASK：用两种不同的幅位来表示二进制值的两种状态。

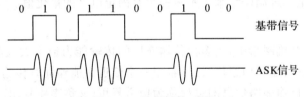

图 2-6　移幅键控 ASK

移频键控 FSK：用载波频率附近的两种不同频率表示二进制的 0 和 1。

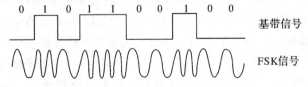

图 2-7　移频键控 FSK

移相方式 PSK：利用载波信号相位移动来表示数据。相位调制包括绝对调相和相对调相两种方式。

绝对调相,用相位的绝对值来表示数字信号"0"和"1",而与前一位数据的相位无关。例如,用初始相位为 π 的载波信号表示"0",用初始相位为 0 的载波信号表示"1"。

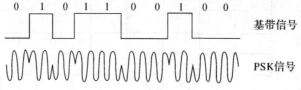

图 2-8　绝对调相

相对调相,每位数据的起始相位以前一位结束点的相位为基准进行变化,表示"0"的载波的起始相位相对于前一位的偏移为 0,表示"1"的载波的起始相位相对于前一位的偏移为 π。

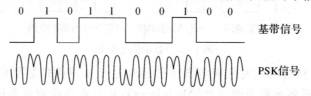

图 2-9　相对调相

(3)模拟数据的数字信号编码。模拟数据的数字信号编码最典型的例子就是 PCM 编码。

脉冲编码调制(Pulse Code Modulation),简称 PCM。是数字信号对连续变化的模拟信号进行抽样、量化和编码产生。脉冲编码调制主要经过 3 个过程:采样、量化和编码

采样:模拟信号数字化的第一步是采样模拟信号是电平连续变化的信号,按大于或等于有效信号最高频率或其带宽两倍的采样频率,将模拟信号的电平幅值取出来作为样本信号 ,它对模拟信号进行周期性扫描,把时间上连续的信号变成时间上离散的信号。该模拟信号经过采样后还应当包含原信号中所有信息,也就是说能无失真的恢复原模拟信号。

量化:量化是将采样所得到的样本信号幅值按量级比较、取整的过程。经过量化后的样本幅值为离散的量级值,而不是连续值。

编码:一个模拟信号经过采样量化后,得到已量化的脉冲幅度调制信号,它仅为有限个数值。编码,就是用一组二进制码组来表示每一个有固定电平的量化值。

5.多路复用技术

在通信系统和计算机网络中,大多数传输介质的传输能力通常大大超过传输单一信息的信道需求,为了更加有效地利用通信线路,希望一个信道中能够同时传输多路信息。人们把利用一条物理线路同时传输多路信息的过程称为信道复用(又称多路复用)。

目前主要有 4 种信道复用方式:频分多路复用(Frequency Division Multiplexing,FDM)、时分多路复用(Time Division Multiplexing,TDM)、波分多路复用(Wave-Length Division Multiplexing,WDM)和码分多路复用(Code Division Multiplexing Access,CDMA)。

频分多路复用:如果一个物理信道的可用带宽超过单个信号源的信号带宽,就可以把信道带宽按频率划分为若干个子信道,从而在同一介质上实现同时传送多路信号,即将信道的可用频带(带宽)按频率分割多路信号的方法划分为若干互不交叠的频段,每路信号占据其中一个频段,从而形成许多个子信道(见图 2-10)。

时分多路复用:如果一条通信线路的位传输速率大于单一信号源所要求的传输速率,就可以采用时分多路复用。时分多路复用是把一个物理信道从时间上分割为多个很短的时间段,

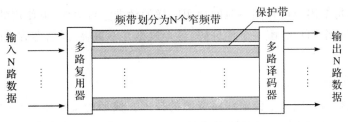

图 2 - 10　频分多路复用

称为间隙,使多个信号源轮流占用信道,每个信号源每次使用一个间隙,按一定时间间隔循环使用,所有信号源一次占用的间隙组成一个时分复用帧,每个信号源占用的所有时隙构成一条子信道,所有子信道分配的传输容量相同(见图 2 - 11)。

　　时分多路复用又可分为同步时分多路复用(Synchronous Time Division Multiplexing, STDM)与异步时分多路复用(Asynchronous Time Division Multiplexing,ATDM)。同步时分多路复用采用固定时间片分配方式,即将传输信号的时间按特定长度连续地划分成特定时间段,再将每一时间段划分成等长度的多个时隙,每个时隙以固定的方式分配给各路数字信号,在每一时间段各路数字信号都按顺序地分配到一个时隙。异步时分多路复用技术能动态地按需分配时隙,以避免每个时间段中出现空闲时隙。也就是说,只有当某一路用户有数据要发送时才把时隙分配给它。当用户暂停发送数据时,则不给它分配时隙,电路的空闲时隙可用于其他用户的数据传输。

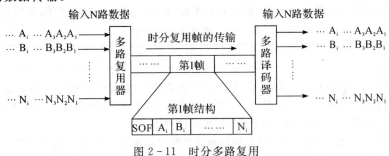

图 2 - 11　时分多路复用

　　波分多路复用是指在一根光纤上使用不同的波长同时传送多路光波信号的一种技术。主要用于全光纤网组成的通信系统。波分多路复用就是光纤的频分复用。由于光载波的频率很高,而习惯上是用波长而不用频率来表示所使用的光载波,因而称其为波分多路复用(见图 2 - 12)。

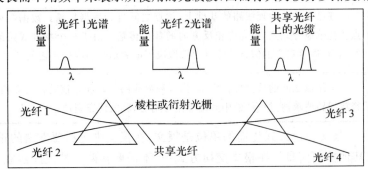

图 2 - 12　波分多路复用

　　码分多路复用常称为码分多址(Coding Division Multiplexing Access,CDMA),是另一种

共享信道的方法,每个用户可在同一时间使用同样的频带进行通信,但使用的是基于码型的分割信道的方法,即每个用户分配一个地址码,各个码型互不重叠,通信各方之间不会相互干扰,且抗干扰能力强。

6.数据交换技术

交换技术,就是动态地分配传输线路资源的技术。典型的交换技术有两种——电路交换(Circuit Switching,CS)方式和存储转发交换(Store and Forward Switching)方式,其中存储转发交换方式又可以分为报文交换(Message Switching,MS)和分组交换(Packet Switching,PS)两种。

(1)电路交换。CS 也称为线路交换,是数据通信领域最早使用的交换方式。它是一种直接的交换方式,为一对需要进行通信的节点之间建立一条临时的专用通信链路,即提供一条专用的传输信道,既可以是物理通道又可以是逻辑通道(使用时分或频分复用技术)。

电路交换的特点:

1)需先建立连接,然后才能进行通信。建立连接、拆除连接时间长,有效通信效率低。

2)通信线路利用率低。

3)一旦电路建立后,数据以固定的速率传输,除传输链路的延时外,不再存在其他延时,适用于实时大批量数据的传输。

4)不同类型、不同规格、不同速率的终端很难互相进行通信。

5)不够灵活,通信过程中一旦出现故障需重新建立连接。电路交换的阶段见表 2-1。

表 2-1　电路交换的阶段

阶　段	说　明
建立线路	发起方站点向某个终端站点(响应方站点)发送一个请求,该请求通过中间结点传输至终点;如果中间结点有空闲的物理线路可以使用,接收请求,分配线路,并将请求传输给下一中间结点;整个过程持续进行,直至终点。 　如果中间结点没有空闲的物理线路可以使用,整个线路的"串接"将无法实现。仅当通信的两个站点之间建立起物理线路之后,才允许进入数据传输阶段。 　线路一旦被分配,在未释放之前,其他站点将无法使用,即使某一时刻,线路上并没有数据传输。
数据传输	在已经建立物理线路的基础上,站点之间进行数据传输。数据既可以从发起方站点传往响应方站点,也允许相反方向的数据传输。由于整个物理线路的资源仅用于本次通信,通信双方的信息传输延迟仅取决于电磁信号沿媒体传输的延迟。
释放线路	当站点之间的数据传输完毕,执行释放线路的动作。该动作可以由任一站点发起,释放线路请求通过途径的中间结点送往对方,释放线路资源。

(2)报文交换。报文交换方式传输的单位是报文,在报文中包括要发送的正文信息和指明收发站的地址及其他控制信息。在报文交换方式中,不需要在两个站之间建立一条专用通路。

报文交换具有如下特点:

1)源节点和目标节点在通信时不需要建立一条专用的通路。

2)电路利用率高。由于许多报文可以分时共享两个节点之间的通道,所以对于同样的通信量来说,对电路的传输能力要求较低,并且节点间可根据电路情况选择不同的速度传输,能高效地传输数据。

3)在电路交换网络上,当通信量变得很大时,就不能接受新的呼叫。而在报文交换网络上,通信量大时仍然可以接收报文,不过传送延迟会增加。

4)报文交换系统可以把一个报文发送到多个目的地,而电路交换网络很难做到这一点。

5)数据传输的可靠性高,每个节点在存储转发中都进行差错控制,即检错和纠错。

(3)分组交换。分组交换的思想是限制信息的长度,将大报文分割成若干个一定长度的短信息,称之为分组,并以分组为单位进行存储转发,在接收端再将各分组重新组装成一个完整的报文(见图 2-13)。

分组交换的复杂之处在于,如何确保接收端能够准确无误地恢复原来的报文,重点需要解决的是由于分组丢失、重复和次序混乱带来的问题。其具体过程又可分为虚电路分组交换和数据报分组交换。

虚电路分组交换就是两个用户的终端设备在开始互相发送和接收数据之前需要通过通信网络建立逻辑上的链接,用户不需要在发送和接收数据时清楚链接。

数据报分组交换是指将每个报文分组作为一个独立的信息单元来处理。将每个独立处理的报文分组称为数据报,每个数据报自身附加了地址信息。

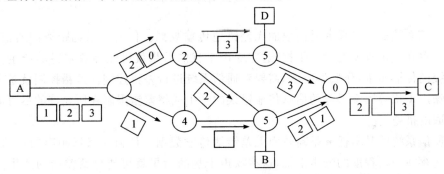

（a）Datagram: 每个包均独立发送其内含的目的地址，可能不按顺序抵达目的地

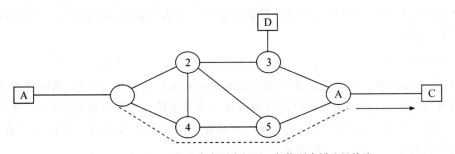

（b）Virtual Circut: 包中含有顺序好吗，包依顺序抵达目的地

图 2-13　分组交换模型

第三章　数据链路层

负责在各个相邻节点间的线路上无差错地传送以帧(Frame)为单位的数据。每一帧包括一定数量的数据和一些必要的控制信息。

其功能是对物理层传输的比特流进行校验,并采用检错重发等技术,使本来可能出错的数据链路变成不出错的数据链路,从而对上层提供无差错的数据传输。

换句话说,就是网络层及以上各层不再需要考虑传输中出错的问题,就可以认定下面是一条不出错的数据传输信道,把数据交给数据链路层,它就能完整无误地把数据传给相邻节点的数据链路层。

3.1　差错控制

数据通信系统的基本任务是高效而无差错地传输数据。任何一条远距离的通信线路,都不可避免地存在一定程度的噪声干扰,这些噪声干扰的后果就可能导致差错的产生。为了保证通信系统的传输质量,降低误码率,需要对通信系统进行差错控制。差错控制就是为了防止由于各种噪声干扰等因素引起的信息传输错误的产生或将差错限制在所允许的尽可能小的范围内而采取的措施。

数据通信系统的基本任务是高效而无差错地传输数据。任何一条远距离的通信线路,都不可避免地存在一定程度的噪声干扰,这些噪声干扰的后果就可能导致差错的产生。为了保证通信系统的传输质量,降低误码率,需要对通信系统进行差错控制。差错控制就是为了防止由于各种噪声干扰等因素引起的信息传输错误的产生或将差错限制在所允许的尽可能小的范围内而采取的措施。

1. 差错控制机理

(1)自动重发纠错。发送端根据一定的编码规则对发送信号进行纠错,将能够发现差错的码通过信道进行传输,接收端根据指定的编码规则来判断传输中是否有错误产生,然后经过反馈信道把判定结果用判定信号通知发送端。确认信号表示正确接收,通常用 ACK 表示,否认信号表示接收有错,通常用 NAK 表示。

(2)前向纠错。发送端根据一定的编码规则对信息进行编码,然后沿通信信道进行传输,接收端接收到这些信息之后,通过译码器不仅能够发现错误,而且还能自动纠正传输中的错误,并把纠正后的信息送至目的地。

2. 奇校验

在奇校验中,通过附加奇偶校验位,使得所传输的信息中 1 的个数(包括奇偶校验位)是奇数。如:发送方要发送数据 1011010(比特串中 1 的个数为 4),按照奇校验的规则,奇偶校验位应为 1,即实际发送的比特序列为 10110101。如果数据在传输过程中遭到了破坏,假设接收方收到的数据为 11110101,计算其中 1 的个数为 6,是偶数,则拒绝接收这个数据,要求发送方重发。假设收到的是 10000101,计算其中 1 的个数是 3,是奇数,按照奇校验的规则,应视此数据无差错。此时,奇校验失效了。

3.循环冗余校验

循环冗余校验是将所传输的数据除以一个预先设定的除数,所得的余数作为冗余比特,附加在要发送数据的末尾,被称为 CRC 码。这样实际传输的数据就能够被预先设定的除数整除,当整个数据传送到接收方后,接收方就利用同一个除数去除接收到的数据,如果余数为 0,即表明数据传输正确,否则出错。

例如,求 1011010 的 CRC 码,设除数为 10011,则 CRC 码为 10110101111。

$$
\begin{array}{r}
1010101 \\
10011\overline{)10110100000} \\
\underline{10011} \\
10110 \\
\underline{10011} \\
10100 \\
\underline{10011} \\
11100 \\
\underline{10011} \\
1111
\end{array}
$$

3.2 流量控制

流量控制涉及链路上字符或帧发送速率的控制,以使接收方在接收前有足够的缓冲存储空间来接收每一字符或帧。流量控制的关键是协调发送速度与接收速度,使得接收节点来得及接收发送节点发送的数据帧。

在面向字符的终端—计算机链路中,若远程计算机为许多台终端服务,它就有可能因不能在高峰时按预定速率传输全部字符而暂时过载。

在面向帧的自动重发请求系统中,当待确认帧数量增加时,有可能超出缓冲器存储空间,也会造成过载。

1.窗口机制

在接收到一确定帧之前,对发送方发送帧的数量加以限制。这是由发送方调整保留在重发表中待确认帧的数目来实现的。如果接收方来不及对收到的帧进行处理,则接收方停发确认信息,此时发送方重发表就会增长,当达到某个限度时,发送就不再发送新帧,直至再次接收到确认信息为止。

如图 3-1 所示,举例说明滑动窗口的状态变化。

图(a)状态为初始状态,发送方还没有发送数据帧,接收窗口准备接收第 0 号帧。

图(b)状态时,发送方发送了第 0 号帧,等待接收方的确认帧。

图(c)状态,接收方接收了第 0 号帧,发送了第 0 号帧的确认帧,接收窗口向前滑动一位,准备接收第 1 号数据帧。

图(d)状态,发送方收到第 0 号帧的确认帧,将第 0 号帧从发送窗口删除。

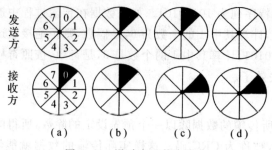

图 3-1　滑动窗口状态变化

2.停等协议

停等(Stop and Wait)协议是一个最简单的协议。它规定发送方每发送一帧就要停下来,等待对方已正确接收的确认(Acknowledgement)返回后才能继续发送下一帧。发送的数据帧必须编号以区分是新发送的帧还是重发的帧。

停等协议的优点:简单;停等协议的缺点:造成信道浪费。

捎带确认(piggyback acknow ledgement)在双向传送时,返回的 ACK 帧通常可由反向发送的数据帧一起捎带回来。

3.顺序接收的管道协议

为了提高信道的有效利用率,允许发送方不等确认帧返回就连续发送若干帧,发送的过程就像一条连续的流水线,故称为管道技术(Pipelining)。它允许连续发出多个未被确认的帧,因此要采用多位帧号才能区分,要求发送方有较大的发送缓冲区保留准备重发的帧,接收方应以正确的顺序将报文送主机。

回退 n 协议思路是:发送方发送帧的过程中,如果某帧出错,发送方并不知道,仍然将发送窗口允许发送的帧发完;接收方发现出错的帧,将出错的帧及其后续帧一起丢弃,并不对出错的帧发送确认帧;发送方在超时后仍然收不到确认帧,需要从出错的帧开始重传所有已发送但未被确认的帧(见图 3-2)。

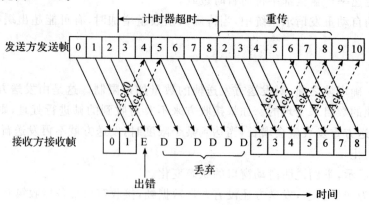

图 3-2　回退 n 协议

选择重传协议:若某一帧出错,后面送来的正确的帧虽然不能立即送主机,但接收方仍可收下来,放在一个缓冲区中,并向发送方发送地出错帧的非确认帧,只要求发送方重新传送出错的那一帧,一旦收到重传的帧后,就可与原先已正确接收但暂存在缓冲区中的其余帧一起按正确的顺序送主机(见图3-3)。

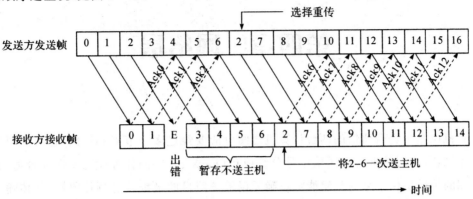

图 3-3　选择重传协议

第四章　网络层

计算机网络中进行通信的两台计算机之间可能要经过多个节点和链路,也可能要经过多个通信子网,网络层数据的传送单位是分组或包(Packet),它的任务就是要选择合适的路由,使发送端的传输层传下来的分组能够正确无误地按照目的地址发送到接收端,使传输层及以上各层设计时不再需要考虑传输路由。

4.1　IP 地址

Internet 是一个庞大的网络,在这个庞大的网络上进行信息交换的基本要求就是在网上的每台计算机、路由器等都要有一个唯一可标识的地址,就像日常生活中朋友间通信必须写明通信地址一样。在 Internet 上为每个计算机指定的唯一的 32 位地址称为 IP 地址,也称为网际地址。

为了使连入 Internet 的众多计算机在通信时能够相互识别,Internet 中的每一台主机都分配有一个唯一的 32 位二进制地址,该地址称为 IP 地址,也称作网际地址,它是 Internet 主机的一种数字型标识。

IP 地址的 32 位的二进制数,由四个字节组成,并分成四组,每组一个字节(8 位),各组之间用一个小圆 00011.01100000.10001100。

为了便于记忆,通常把每一组二进制数转换成相应的十进制数。如某计算机的 IP 地址开数为:11001010.01100011.这 01100000.10001100,这台主机的 IP 地址就是 202.99.96.140。

IP 地址通常分为三类,即 A 类地址、B 类地址、C 类地址。它们均由网络号和主机号两部分组成,规定每一组都不能用全 0 和全 1,通常全 0 表示网络本身的 IP 地址,全 1 表示网络广播的 IP 地址。为了区分类别 A、B、C,三类的最高位分别为 0、10、110。(见图 4-1)

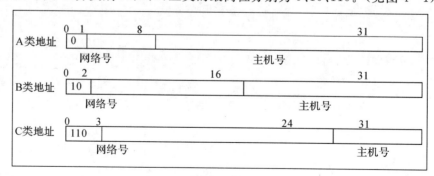

图 4-1　IP 地址

(1)A 类 IP 地址。用 8 位来标识网络号,24 位标识主机号,最前面一位为"0",这样 A 类 IP 地址所能表示的网络数范围为 1～127,即 1.x.y.z～126.x.y.z 格式的 IP 地址都属于 A 类 IP 地址。A 类 IP 地址通常用于大型网络。

(2)B 类 IP 地址。用 16 位来标识网络号,16 位标识主机号,最前面两位为"10"。网络号和主机号的数量大致相当,分别用两个 8 位来表示,第一个 8 位表示的数的范围为 128～191。B 类 IP 地址适用于中等规模的网络,每个网络所能容纳的计算机数为 6 万多台。例如各地区的网络管理中心。

(3)C 类 IP 地址。用 24 位来标识网络号,8 位标识主机号,最前面三位为"110"。网络号的数量要远大于主机号,如一个 C 类 IP 地址共可连上 254 台主机。C 类 IP 地址的第一个 8 位表示数的范围数为 192～223。C 类 IP 地址一般适用于校园网等小型网络。从第一段的十进制数字即可分出 IP 地址的类别,见表 4-1。

表 4-1　IP 地址的类别

类型	第一段数字范围	包含主机台数
A	1～127	16777214
B	128～191	65534
C	192～223	254

4.2　地址解析协议 ARP 和逆向地址解析协议 RARP

地址解析协议 ARP 实现从 IP 地址到物理地址的映射。逆向地址解析协议 RARP 实现从物理地址到 IP 地址的映射。

不管网络层使用的是什么协议,在实际网络的链路上传送数据帧时,最终还是必须使用硬件地址。每一个主机都设有一个 ARP 高速缓存(ARP cache),里面有所在的局域网上的各主机和路由器的 IP 地址到硬件地址的映射表。

当主机 A 欲向本局域网上的某个主机 B 发送 IP 数据报时,就先在其 ARP 高速缓存中查看有无主机 B 的 IP 地址。如有,就可查出其对应的硬件地址,再将此硬件地址写入 MAC 帧,然后通过局域网将该 MAC 帧发往此硬件地址。

为了减少网络上的通信量,主机 A 在发送其 ARP 请求分组时,就将自己的 IP 地址到硬件地址的映射写入 ARP 请求分组。当主机 B 收到 A 的 ARP 请求分组时,就将主机 A 的这一地址映射写入主机 B 自己的 ARP 高速缓存中。这对主机 B 以后向 A 发送数据报时就更方便了。

ARP 是解决同一个局域网上的主机或路由器的 IP 地址和硬件地址的映射问题。如果所要找的主机和源主机不在同一个局域网上,那么就要通过 ARP 找到一个位于本局域网上的某个路由器的硬件地址,然后把分组发送给这个路由器,让这个路由器把分组转发给下一个网络。剩下的工作就由下一个网络来做。

从 IP 地址到硬件地址的解析是自动进行的，主机的用户对这种地址解析过程是不知道的。只要主机或路由器要和本网络上的另一个已知 IP 地址的主机或路由器进行通信，ARP 协议就会自动地将该 IP 地址解析为链路层所需要的硬件地址。

现在介绍使用 ARP 的四种典型情况。

1）发送方是主机，要把 IP 数据报发送到本网络上的另一个主机。这时用 ARP 找到目的主机的硬件地址。

2）发送方是主机，要把 IP 数据报发送到另一个网络上的一个主机。这时用 ARP 找到本网络上的一个路由器的硬件地址。剩下的工作由这个路由器来完成。

3）发送方是路由器，要把 IP 数据报转发到本网络上的一个主机。这时用 ARP 找到目的主机的硬件地址。

4）发送方是路由器，要把 IP 数据报转发到另一个网络上的一个主机。这时用 ARP 找到本网络上的一个路由器的硬件地址。剩下的工作由这个路由器来完成。

既然传送数据帧时，最终还是必须使用硬件地址，为什么我们不直接使用硬件地址进行通信？

由于全世界存在着各式各样的网络，它们使用不同的硬件地址。要使这些异构网络能够互相通信就必须进行非常复杂的硬件地址转换工作，因此几乎是不可能的事。

连接到因特网的主机都拥有统一的 IP 地址，它们之间的通信就像连接在同一个网络上那样简单方便，因为调用 ARP 来寻找某个路由器或主机的硬件地址都是由计算机软件自动进行的，对用户来说是看不见这种调用过程的。

逆地址解析协议 RARP 使只知道自己硬件地址的主机能够知道其 IP 地址。这种主机往往是无盘工作站。因此 RARP 协议目前已很少使用。

4.3 子网掩码与子网划分

子网掩码是用来判断任意两台计算机的 IP 地址是否属于同一子网的根据。最为简单的理解就是将两台计算机各自的 IP 地址与子网掩码进行 AND 运算后，如果得出的结果是相同的，则说明这两台计算机是处于同一个子网络上的，可以进行直接通信。

一般来说，一个单位 IP 地址获取的最小单位是 C 类（256 个），有的单位拥有 IP 地址却没有那么多的主机入网，造成 IP 地址的浪费；有的单位不够用，形成 IP 地址紧缺。这样，我们有时可以根据需要把一个网络划分成更小的子网。划分子网纯属一个单位内部的事情。单位对外仍然表现为没有划分子网的网络。IP 地址是由网络号和主机号组成的，子网划分是从主机号借用若干个位作为子网号，而主机号也就相应减少了若干个位。

为了方便有效地将物理网络地址表达出来，IP 协议规定每一个 IP 地址都对应 1 个 32 位的为模式，也称为子网掩码。对应 IP 地址中物理网络地址（包括网络号和子网号）中的每一位,子网掩码中的各位都置 1;对应 IP 地址中主机地址中的每一位,子网掩码中的各位都置为 0。

通过子网掩码也可以区分 IP 地址中的网络号和主机号,具体的做法是在二进制表示形式把 IP 地址和子网掩码进行逻辑与操作,就可以获得 IP 地址的网络号。例如 IP 地址为 161.101.1.1,子网掩码为 255.255.0.0,则此 IP 地址的网络号为 161.101。

A 类地址默认的子网掩码是 255.0.0.0;

B 类地址默认的子网掩码是 255.255.0.0;

C 类地址默认的子网掩码是 255.255.255.0。

1.子网划分步骤

(1)将要划分的子网数目转换成最接近的 2 的整数幂的值,如要分 10 个子网,则转换成 2^4。取上述的幂值 4。

(2)将上一步确定的幂值 4 按从高位排序占用主机地址 4 位,即主机地址的高字节取为 11110000,然后将其转换为十进制数为 240。

(3)写出子网掩码。

(4)确定子网范围。

例如,我们先假定一个环境,一个小小的公司中,目前有 5 个部门 A 至 E,其中:A 部门有 10 台 PC,B 部门 20 台,C 部门 30 台,D 部门 15 台,E 部门 20 台,然后 CIO 分配了一个总的网段 192.168.2.0/24 给你,作为 ADMIN,你的任务是为每个部门划分单独的网段,你该怎样做呢?

根据题目,提炼已知条件得:

子网数≤5;主机数≤30;网段为 C 类地址;

由此我们知道该地址段的默认子网掩码为:255.255.255.0;

转换为二进制得:(11111111.11111111.11111111.00000000)

而我们知道在进行子网划分时,是牺牲主机的数量来转换为子网数,

因此,根据已知条件,以子网进行计算

假设,我们将 n 为主机二进制数转换为子网,则得:

$2^n \geq 5$

求得:n≥3,由此意味着我们将牺牲主机数量的三位二进制数转换为子网数:

子网掩码应为:(11111111.11111111.11111111.00000000)

为求证该子网结构是否符合要求,计算当前子网主机数应为 $2^5 - 2 = 30 \geq 30$,符合网络的需求;所以依据所算子网掩码,进行排列组合得到以下 8 个自子网:

1)11111111.11111111.11111111.00000000;

2)11111111.11111111.11111111.00100000;

3)11111111.11111111.11111111.01000000;

4)11111111.11111111.11111111.01100000;

5)11111111.11111111.11111111.10000000;

6)11111111.11111111.11111111.10100000;

7)11111111.11111111.11111111.11000000;

8)11111111.11111111.11111111.11100000。

同时,在网络地址分配中,全为 1 和全为 0 的不用,则转换为十进制后得到 6 个子网,分别是:

1)255.255.255.32;

2)255.255.255.64;

3)255.255.255.96;

4)255.255.255.128;

5)255.255.255.160;

6)255.255.255.192。

同样,我们依据 C 类地址 192.168.2.0 可计算出在每个子网下的第一个 IP 地址和最后一个 IP 地址,它们分别是:

1)255.255.255.32: 192.168.2.33～192.168.2.62;

2)255.255.255.64: 192.168.2.65～192.168.2.94;

3)255.255.255.96: 192.168.2.97～192.168.2.126;

4)255.255.255.128: 192.168.2.129～192.168.2.158;

5)255.255.255.160: 192.168.2.161～192.168.2.190;

6)255.255.255.192: 192.168.2.193～192.168.2.222。

4.4　网络路由算法

路由算法,又名选路算法,可以根据多个特性来加以区分。算法的目的是找到一条从源路由器到目的路由器的"好"路径。

路由算法使用了许多种不同的度量标准去决定最佳路径。复杂的路由算法可能采用多种度量来选择路由,通过一定的加权运算,将它们合并为单个的复合度量,再填入路由表中,作为寻径的标准。

算法设计者的特定目标影响了该路由协议的操作,具体来说存在着多种路由算法,每种算法对网络和路由器资源的影响都不同。由于路由算法使用多种度量标准(metric),从而影响到最佳路径的计算。

通常所使用的度量有路径长度、可靠性、时延、带宽、负载、通信成本等。

不存在一种绝对的最佳路由算法。所谓"最佳"只能是相对于某一种特定要求下得出的较为合理的选择而已。实际的路由选择算法,应尽可能接近于理想的算法。

路由选择是个非常复杂的问题,它是网络中的所有结点共同协调工作的结果。路由选择的环境往往是不断变化的,而这种变化有时无法事先知道。

从路由算法的自适应性考虑,静态路由选择策略,即非自适应路由选择,其特点是简单和开销较小,但不能及时适应网络状态的变化。

动态路由选择策略,即自适应路由选择,其特点是能较好地适应网络状态的变化,但实现起来较为复杂,开销也比较大。

本书将在第十章中针对如何设计在移动 AdHoc 网络中提供 QoS 保证的路由协议展开详细论述。

第五章 传输层

传输层是完成接收来自会话层的数据。如果需要,将这些数据分割成较小的数据单位再传送给网络层。传输层要确保数据片能够安全而正确地发送到另一端。传输层是以端到端的方式传输数据的。传输层是计算机网络体系结构中最重要的一层,传输层协议也是最复杂的协议,其复杂程度取决于网络层所提供的服务类型及上层对传输层的要求。传输层协议通常由网络操作系统的一部分来完成。

与数据链路层提供的相邻节点间比特流的无差错传输不同,传输层保证的是发送端和接收端之间的无差错传输,主要控制的是包的丢失、错序、重复等问题。

连接(Connection)和无连接(Connectionless)是网络通信传输中常用的术语,它们的关系可以用一个形象的比喻来说明,就是打电话和写信。传输层根据连接和无连接通信提供两大类服务,即面向连接的服务和面向无连接的服务。

打电话时,一个人首先必须拨号(发出连接请求),等待对方响应,接听电话(建立了连接)后,才能够相互传递信息。通话完成后,还需要挂断电话(断开连接),才算完成了整个通话过程。在面向连接的通信中,两个端点之间建立了一条数据通信信道(电路)。这条信道是逻辑的,常被称作虚电路。与在网络上寻求一条实际的物理路径相比,这条信道更关心的是保持两个端点的联系。在有多条到达目的地路径的网络中,物理路径在会话期间随着数据模式的改变而改变,但是端点(和中间节点)一直保持对路径进行跟踪,这条信道可以提供一条在网络上顺序发送报文分组的预定义路径,这个连接类似于语音电话。发送方与接收方保持联系以协调会话和报文分组接收或失败的信号。

写信则不同,你只需填写好收信人的地址信息,然后将信投入邮局,就算完成了任务。此时,邮局会根据收信人的地址信息,将信件送达指定目的地。在无连接的通信中,每个数据分组是一个在网络上传输的独立单元,称作数据报。发送方和接收方之间没有初始协商,发送方仅仅向网络上发送数据报,每个分组含有源地址和目的地址。网络除了把分组传送到目的地以外不需做任何事情,如果分组丢失了,接收方必须检测出错误并请求重发;如果分组因采用不同的路径而没有按序到达,接收方必须将它们重新排序。

从打电话和写信的例子可以看到,两者之间有很大不同。打电话时,通话双方必须建立一个连接,才能够传递信息。连接也保证了信息传递的可靠性,因此,面向连接的协议必然是可靠的。面向连接的协议虽然比面向无连接的协议在可靠性上有着显著的优势,但建立连接前必须等待接收方响应,传输信息过程中必须确认信息是否传到,断开连接时需要发出响应信号等,无形中加大了面向连接协议的资源开销。无连接就没有这么多要求,它不管对方是否有响应,是否有反馈,只管将信息发送出去,就像信件一旦进了邮箱,在它到达目的地之前,你没法追踪这封信的下落;接收者即使收到了信件,也不会通知你信件何时到达;在整个通信过程中,没有任何保障。因此我们常说,面向无连接的协议也是不可靠的,但其资源开销要比面向连接的协议小很多。

5.1　传输控制协议 TCP

TCP 提供面向连接的服务,在传送数据之前必须先建立连接,数据传送结束后要释放连接,即不提供广播或多播服务。由于 TCP 要提供可靠的、面向连接的运输服务,因此不可避免地增加了许多的开销,如确认、流量控制、计时器以及连接管理等。这不仅使协议数据单元的首部增大很多,还要占用许多的处理机资源。

TCP 使用三次握手(three-way handshake)协议来建立连接,连接可以由任何一方发起,也可以由双方同时发起。

第一次握手:建立连接时,客户端发送 syn 包(syn=j)到服务器,并进入 SYN_SEND 状态,等待服务器确认;

第二次握手:服务器收到 syn 包,必须确认客户的 SYN(ack=j+1),同时自己也发送一个 SYN 包(syn=k),即 SYN+ACK 包,此时服务器进入 SYN_RECV 状态;

第三次握手:客户端收到服务器的 SYN+ACK 包,向服务器发送确认包 ACK(ack=k+1),此包发送完毕,客户端和服务器进入 ESTABLISHED 状态,完成三次握手。

那么为什么 TCP 协议要使用三次握手协议呢?

因为 TCP 建立在不可靠的分组传输服务之上,报文可能丢失、延迟、重复或乱序,因此协议必须使用超时和重传机制。如果重传的连接请求和原先的连接请求在连接正在建立时到达,或者当一个连接已经建立、使用和结束之后,某个延迟的连接请求才到达,就会出现问题。采用三次握手协议后,在连接建立之后 TCP 就不再理睬又一次的连接请求,就可以解决上面的问题。

TCP 提供的服务具有以下主要特征。

(1)面向连接的传输,传输数据前要先建立连接,数据传输完毕要释放连接。

(2)端到端通信,不支持广播通信。

(3)高可靠性,确保传输数据的正确性,不出现丢失或乱序。

(4)全双工方式传输。

(5)采用字节流方式,即以字节为单位传输字节序列。如果字节流太长,将其分段。

(6)提供紧急数据传输功能,即当有紧急数据需要发送时,发送进程会立即发送,接收方收到后会暂停当前工作,读取紧急数据并作相应处理。

5.2　用户数据报传输协议 UDP

UDP 在传送数据之前不需要先建立连接,远地主机的传输层在收到 UDP 报文后,不需要给出任何确认。虽然 UDP 不提供可靠交付,但在某些情况下 UDP 是一种最有效的工作方式。TCP/IP 体系中的应用服务,如 DNS 和 NFS 就使用 UDP 这种传输方式。还有许多即时聊天软件采用 UDP 协议,与此有莫大的关系。

提供的服务具有以下主要特征。

(1)传输数据前无须建立连接,一个应用进程如果有数据报要发送就直接发送,属于一种无连接的数据传输服务。

（2）不对数据报进行检查与修改。

（3）无须等待对方的应答。

（4）正因为以上的特征，使其具有较好的实时性，效率高。

5.3 流量控制

一般说来，我们总是希望数据传输得更快一些。但如果发送方把数据发送得过快，接收方就可能来不及接收，这就会造成数据的丢失。

流量控制（flow control）就是让发送方的发送速率不要太快，既要让接收方来得及接收，也不要使网络发生拥塞。

利用滑动窗口机制可以很方便地在 TCP 连接上实现流量控制。

5.4 拥塞控制

网络的吞吐量与通信子网负荷（即通信子网中正在传输的分组数）有着密切的关系。当通信子网负荷比较小时，网络的吞吐量（分组数/秒）随网络负荷（每个节点中分组的平均数）的增加而线性增加。当网络负荷增加到某一值后，即对网络中某资源的需求超过了该资源所能提供的可用部分，若网络吞吐量反而下降，则表征网络中出现了拥塞现象（见图5-1）。

在一个出现拥塞现象的网络中，到达某个节点的分组将会遇到无缓冲区可用的情况，从而使这些分组不得不由前一节点重传，或者需要由源节点或源端系统重传。当拥塞比较严重时，通信子网中相当多的传输能力和节点缓冲器都用于这种无谓的重传，从而使通信子网的有效吞吐量下降。由此引起恶性循环，使通信子网的局部甚至全部处于死锁状态，最终导致网络有效吞吐量接近为零。

拥塞控制不同于流量控制。拥塞控制所要做的都有一个前提，就是网络能够承受现有的网络负荷。拥塞控制是一个全局性的过程，涉及所有的主机、所有的路由器，以及与降低网络传输性能有关的所有因素。流量控制往往指在给定的发送端和接收端之间的点对点通信量的控制。流量控制所要做的就是抑制发送端发送数据的速率，以便使接收端来得及接收。

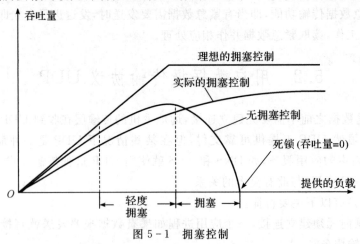

图5-1 拥塞控制

拥塞控制是很难设计的,因为它是一个动态的(而不是静态的)问题。当前网络正朝着高速化的方向发展,这很容易出现缓存不够大而造成分组的丢失。但分组的丢失是网络发生拥塞的征兆而不是原因。在许多情况下,甚至正是拥塞控制本身成为引起网络性能恶化甚至发生死锁的原因。这点应特别引起重视。

解决拥塞的方法有开环和闭环两种。开环控制方法就是在设计网络时事先将有关发生拥塞的因素考虑周到,力求网络在工作时不产生拥塞。闭环控制是基于反馈环路的概念。属于闭环控制的有以下几种措施:监测网络系统以便检测到拥塞在何时、何处发生;将拥塞发生的信息传送到可采取行动的地方;调整网络系统的运行以解决出现的问题。

为了解决网络拥塞问题,1988 年出现了 TCP 的网络拥塞控制算法,之后,很多专家学者都对其进行了分析、改进和完善,但是还存在很多的不足之处,将在第十一章中具体介绍。

第六章　应用层

应用层是 OSI 参考模型中的最高层。应用层确定进程之间的通信性质以满足用户的需要,负责用户信息的语义表示,并在两个通信者之间进行语义匹配。这就是说,应用层不仅要提供应用进程所需要的信息交换等操作,而且还要作为互相作用的进程的用户代理,来完成一些为进行语义上有意义的信息交换所必需的功能。它是计算机网络与最终用户间的接口,包含了系统管理员管理网络服务所涉及的所有问题和基本功能。简单描述应用层就是用户通过应用层的协议去完成想要完成的任务。

应用层是网络可向最终用户提供应用服务的唯一窗口,其目的是支持用户联网的应用要求。由于用户的要求不同,应用层含有支持不同应用的多种应用实体,提供多种应用服务,常用的应用层协议有以下 8 种。

(1)超文本传输协议 HTTP,用来传递制作的网页文件。

(2)文件传输协议 FTP,用于实现互联网中交互式文件传输功能。

(3)电子邮件协议 SMTP,用于实现互联网中电子邮件传送功能。

(4)网络终端协议 TELNET,用于实现互联网中远程登录功能。

(5)域名服务 DNS,用于实现网络设备名字到 IP 地址的映射服务。

(6)路由信息协议 RIP,用于网络设备之间交换路由信息。

(7)简单网络管理协议 SNMP,用来收集和交换网络管理信息。

(8)网络文件系统 NFS,用于网络中不同主机间的文件共享。

6.1　域名系统

为了方便用户,Internet 在 IP 地址的基础上提供了一种面向用户的字符型主机命名机制,这就是域名系统,它是一种更高级的地址形式。域名就是对应于 IP 地址的用于在互联网上标识机器的有意义的字符串,例如 CNNIC 的域名 www. cnnic. net. cn,比起 IP 地址而言就更形象也更容易记忆。

提供域名服务的机器就是域名服务器即 DNS,全称是 Domain Name Server,它保存了一张域名(domain name)和与之相对应的 IP 地址的表,负责在域名和 IP 之间进行转换。它的转换工作称为域名解析,整个过程是自动进行的。主要实现两种解析:正向解析(域名→IP 地址)和反向解析(IP 地址→域名)。

互联网是以 IP 地址来确定主机的,当客户端用域名方式访问一个互联网站点的时候,首先要把域名转换为 IP 地址,然后才能用 IP 地址的方式来访问目标站点,如图 6-1 所示。

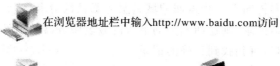

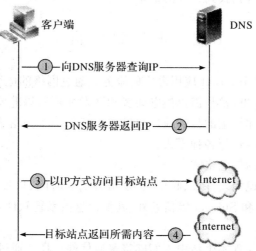

图 6-1　访问互联网站点

DNS 采用层次化的分布式数据结构,其数据库系统分布在不同地域的 DNS 服务器上,每个 DNS 服务器只负责整个域名数据库中的一部分信息。目前互联网上的域名体系中共有三类顶级域名:一类是地理顶级域名,另一类是类别顶级域名,第三类的顶级域名是随着互联网的不断发展,根据实际需要扩充到现有的域名体系中来的新的域名(见图 6-2)。

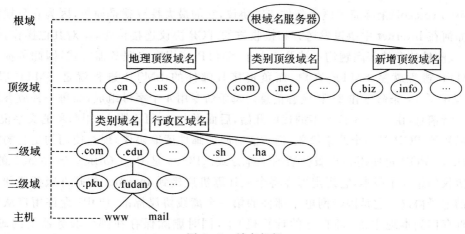

图 6-2　域名解析

客户端使用域名访问互联网,首先需要进行域名解析,步骤如下:

第一步:客户机提出域名解析请求,并将该请求发送给本地的域名服务器。

第二步:当本地的域名服务器收到请求后,就先查询本地的缓存,如果有该记录项,则本地的域名服务器就直接把查询的结果返回。

第三步:如果本地的缓存中没有该记录,则本地域名服务器就直接把请求发给根域名服务器,然后根域名服务器再返回给本地域名服务器一个所查询域(根的子域)的主域名服务器的地址。

第四步：本地服务器再向上一步返回的域名服务器发送请求，然后接受请求的服务器查询自己的缓存，如果没有该记录，则返回相关的下级的域名服务器的地址。

第五步：重复第四步，直到找到正确的记录。

6.2 电子邮件系统

电子邮件（E－mail）是 Internet 应用最广的服务。通过网络的电子邮件系统，可以用非常低廉的价格（不管发送到哪里，都只需负担电话费和网费即可），以非常快速的方式（数秒钟之内可以发送到世界上任何你指定的目的地），与世界上任何一个角落的网络用户联系，这些电子邮件可以是文字、图像、声音等各种方式。

电子邮件地址有特定的信息格式。

电子邮件的头部主要说明发件人、收信人、发信日期和时间、信件的主题等信息。电子邮件的头部信息除了 To、Cc 和 Subject 等信息外，其他信息由系统软件自动填充。在回信时，系统会产生整个头部的信息。

电子邮件的地址格式与现实生活中人们邮寄普通信件一样。通过计算机发送电子邮件时需要写上发信人和接收人的地址，一般称为"E－mail 地址"，或者"电子邮件地址"。一个完整的电子邮件地址是由一个字符串组成的表达式，这些字符串由@符号分成两部分，格式如下：

login name@host name. domain name

（登录名）@（主机名）.（域名）

在 Internet 中，电子邮件的传送依靠 SMTP 协议来完成的，SMTP（Simple Mail Transport Protocol）全称简单电子邮件传输协议，它的最大特点就是简单，因为它只规定了电子邮件如何在 Internet 中通过发送方和接收方的 TCP 协议连接传送，而对其他操作，如与用户的交互、邮件的存储等问题均不涉及。由于 SMTP 使用客户服务器方式，因此负责发送邮件的 SMTP 进程就是 SMTP 客户，而负责接收邮件的 SMTP 进程就是 SMTP 服务器。SMTP 规定了 14 条命令和 21 种应答信息。每条命令用 4 个字母组成，而每一种应答信息一般只有一行信息，由一个 3 位数字的代码开始，后面附上（也可不附上）很简单的文字说明。

邮局协议 POP 是一个非常简单、但功能有限的邮件读取协议，现在使用的是它的第三个版本 POP3。POP 也使用客户服务器的工作方式。POP3 是 Post Office Protocol 3 的简称，即邮局协议的第 3 个版本，它规定怎样将个人计算机连接到 Internet 的邮件服务器和下载电子邮件的电子协议。它是因特网电子邮件的第一个离线协议标准，POP3 允许用户从服务器上把邮件存储到本地主机（即自己的计算机）上，同时删除保存在邮件服务器上的邮件，而 POP3 服务器则是遵循 POP3 协议的接收邮件服务器，用来接收电子邮件的。

发送和接收电子邮件的几个重要步骤。

（1）发件人调用 PC 机中的用户代理撰写和编辑要发送的邮件。

（2）发件人的用户代理把邮件用 SMTP 协议发给发送方邮件服务器。

（3）SMTP 服务器把邮件临时存放在邮件缓存队列中，等待发送。

（4）发送方邮件服务器的 SMTP 客户与接收方邮件服务器的 SMTP 服务器建立 TCP 连接，然后就把邮件缓存队列中的邮件依次发送出去。

（5）运行在接收方邮件服务器中的 SMTP 服务器进程收到邮件后，把邮件放入收件人的用户邮箱中,等待收件人进行读取。

(6)收件人在打算收信时,就运行 PC 机中的用户代理,使用 POP3(或 IMAP)协议读取发送给自己的邮件。

请注意,POP3 服务器和 POP3 客户之间的通信是由 POP3 客户发起的。

如果 wang@126.com 要给 liu@gmail.com 发送一封邮件,电子邮件的传输过程如图 6-3所示。

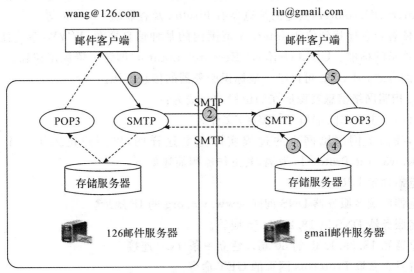

图 6-3　电子邮件的传输过程

6.3　WWW

WWW 是 World Wide Web(环球信息网)的缩写,中文名字为"万维网",也可简称为3W、W3、Web。它起源于 1989 年 3 月,是由欧洲粒子物理实验室(CERN)研制的基于 Internet 的信息服务系统。WWW 以超文本(Hypertext)技术为基础,提供具有一定格式的文本、图形、声音、动画等生动的多媒体集合。

WWW 工作过程如下:

(1)执行 WWW 客户浏览软件,通过点击超链接或输入网址的形式提出资源需求。

(2)客户端软件以该超链接所隐含的地址连接到 WWW 服务器所在主机,请求读取相对应的文件。

(3)服务器送回所需求的文件内容给客户端,如果该文件包含有影像、声音或电影动画资源,服务器也一并送回用户端。

(4)用户端软件将所接收到的文件资源,依照其内含的 HTML 描述方式显示到使用者的屏幕上,这通常由用户端的浏览器负责解释执行。

WWW 系统服务器是 Internet 上的信息资源和服务的提供者。它随时准备响应用户的请求。

与 WWW 工作相关的有 WWW 浏览器、统一资源定位符 URL(Uniform Resource Locator)、超文本传输协议 HTTP(Hypertext Transfer Protocol)和超文本标记语言 HTML

(Hypertext Markup Language)。用户一般使用 WWW 浏览器来浏览 WWW 的信息资源,每一个信息资源都是一个 Web 文档,这些文档是用超文本语言 HTML 语言来进行描述的,HTML 可用来在客户和服务器之间传递页面的内容。

WWW 的浏览器(Web browser)是 WWW 系统用来浏览信息的客户程序,它的主要任务是向 WWW 服务器发送请求,以及接收和解释返回的页面。针对不同的计算机平台、操作系统以及用户界面需求,可以使用不同的浏览器。目前,Windows 操作系统下常用的浏览器为 Microsoft Internet Explorer,其他的浏览器有 Firefox 及谷歌的 Chrome 等。

为了能使客户程序找到位于 Internet 范围内的某种信息资源,WWW 系统使用 URL 这样一种定义地址的标准。URL(Uniform Resource Locator)即统一资源定位器。它提供了一种地址定义的方式,用 URL 可以唯一地标识服务器的信息资源。

用 URL 指明网络信息资源所在的位置的句法为:

访问协议://主机名[:端口号]/路径/文件名

生活中,我们上网浏览网页的过程实际上是这样的,以用户键入了一个 URL 地址 http://www.w3.org/Protocols 为例,其工作流程简述如下:

(1)浏览器确定 URL。

(2)浏览器向域名服务器 DNS 询问 www.w3.org 的 IP 地址。

(3)域名服务器 DNS 以 18.29.1.35 应答。

(4)浏览器和 18.29.1.35 的 80 端口建立一条 TCP 连接。

(5)接着发送获取 Protocols 网页的 GET 命令。

(6)www.w3.org 服务器发送 Protocols 网页文件。

(7)释放 TCP 连接。

(8)浏览器显示 Protocols 网页中的所有正文。

(9)浏览器取来并显示 Protocols 网页中的所有图像。

6.4 FTP

FTP 是 File Transfer Protocol(文件传输协议)的缩写,是一种有连接的文件传输服务,用来在本地和远程的计算机之间传输文件,是应用较多的应用层服务之一。FTP 采用的传输层协议是 TCP 协议,工作原理和 TCP 一样,客户端和服务器建立连接时也需要经过"三次握手"的过程,以保证连接的可靠、安全。

文件传送协议 FTP (File Transfer Protocol) 是因特网上使用得最广泛的文件传送协议。FTP 提供交互式的访问,允许客户指明文件的类型与格式,并允许文件具有存取权限。FTP 屏蔽了各计算机系统的细节,因而适合于在异构网络中任意计算机之间传送文件。

网络环境中的一项基本应用就是将文件从一台计算机中复制到另一台可能相距很远的计算机中。初看起来,在两个主机之间传送文件是很简单的事情。其实这往往非常困难,因为众多的计算机厂商研制出的文件系统多达数百种,且差别很大。由于计算机存储数据的格式不同;文件的目录结构和文件命名的规定不同;对于相同的文件存取功能,操作系统使用的命令不同;访问控制方法不同,网络环境下复制文件非常复杂。

文件传送协议 FTP 只提供文件传送的一些基本的服务,它使用 TCP 可靠的运输服务。

FTP 的主要功能是减少或消除在不同操作系统下处理文件的不兼容性。FTP 使用客户服务器方式。一个 FTP 服务器进程可同时为多个客户进程提供服务。FTP 的服务器进程由两大部分组成：一个主进程，负责接受新的请求；另外有若干个从属进程，负责处理单个请求。

主进程的工作步骤如下：

(1)打开熟知端口(端口号为 21)，使客户进程能够连接上。

(2)等待客户进程发出连接请求。

(3)启动从属进程来处理客户进程发来的请求。从属进程对客户进程的请求处理完毕后即终止，但从属进程在运行期间根据需要还可能创建其他一些子进程。

(4)回到等待状态，继续接受其他客户进程发来的请求。主进程与从属进程的处理是并发地进行。

FTP 用于通信的 TCP 连接分为两种类型：控制连接与数据连接。其中控制连接用于在通信双方之间传输 FTP 命令与响应信息，完成连接建立、身份认证与异常处理等控制操作；数据连接用于在通信双方之间传输文件或目录信息。控制连接在整个会话期间一直保持打开，FTP 客户发出的传送请求通过控制连接发送给服务器端的控制进程，但控制连接不用来传送文件。实际用于传输文件的是"数据连接"。服务器端的控制进程在接收到 FTP 客户发送来的文件传输请求后就创建"数据传送进程"和"数据连接"，用来连接客户端和服务器端的数据传送进程。数据传送进程实际完成文件的传送，在传送完毕后关闭"数据传送连接"并结束运行。

为了方便用户，提供匿名 FTP 服务。通过 Internet 获取各种信息服务机构公开发布的信息而设置的，它允许没有账号的用户在系统中获取某些特定的文件。用户在文本模式下登录时，可采用"anonymous"作为用户名，以任何字符串作为密码。

第七章　计算机局域网

计算机网络根据其距离和复杂性可分为三类：局域网 LAN、城域网 MAN 和广域网 WAN。

计算机局域网是将小区域内的各种通信设备互联在一起的通信网络，由通信子网和资源子网组成。通信子网由网卡、缆线、集线器、中继器、网桥、交换机等设备和相关软件组成，资源子网由工作站、服务器、网络操作系统及其他设备组成。

LAN 是计算机网络大家族的一员，具有频带宽、群延时、低出错率和低成本等特点。目前，国际上有两个组织从事 LAN 标准工作，一个是欧洲计算机制造商协会 ECMA，另一个是美国电气及电子工程学会 IEEE。

IEEE 组织建立的通信局域网环境下物理电缆线路和传输的"802"标准是最重要的标准之一，它是指导局域网集成和互联的规范。

802.1：概述、体系结构和网际互联，以及网络管理和性能测试。

802.2：逻辑链路控制。它提供 OSI 的数据链路层两个子层中上面一个子层的功能。逻辑链路控制是高层协议与任何一种局域网 MAC 子层的接口。

802.3：它定义了 CSMA/CD（带冲突检测的载波侦听多路存取方法）总线网的 MAC 子层和物理层的规范。

802.4：令牌总线网。它定义了令牌传递总线网的 MAC 子层和物理层的规范。

802.5：令牌环形网。它定义了令牌传递环形网的 MAC 子层和物理层的规范。

802.6：城域网。它定义了城域网的 MAC 子层和物理层的规范。

802.7：宽带技术。

802.8：光纤技术。

802.9：综合话音数据局域网。

802.10：可互操作的局域网的安全。

802.11：无线局域网。

802.12：新型高速局域网（100Mbps）。

局域网遵循 OSI 模型，但局域网采用广播式通信方式，其体系结构与 OSI 参考模型有相当大的区别。局域网的协议结构包括物理层、数据链路层和网络层。由于局域网的介质访问控制比较复杂，因此将数据链路层分为介质访问控制子层和逻辑链路控制子层。与物理媒体有关的问题都放在介质访问控制子层，与物理媒体无关的问题都放在逻辑链路控制子层。

决定局域网特性的主要技术有以下三方面：用以传输数据的传输介质、用以连接各种设备的拓扑结构，用以共享资源的介质访问控制方法。

将传输介质的频带有效地分配给网络上各站点的用户的方法称为介质访问控制协议。设计一个好的介质访问控制协议有三项基本原则：协议要简单，获得有效的通道利用率，对网上各站点用户公平合理。

传统的局域网介质访问控制协议有:载波监听多路访问/冲突 CSMA/CD、令牌环(Token Ring)、令牌总线(Token Bus)等。

以太网是 20 世纪 70 年代开发、80 年代形成的局域网规范,是目前应用最广的局域网。早期采用总线型拓扑结构,传输介质是同轴电缆,传输速率 10Mbps。以太网可以使用粗同轴电缆、细同轴电缆、屏蔽双绞线、非屏蔽双绞线、光纤等多种传输介质。使用同轴电缆,长度最多可达 500 m,使用双绞线长度为 100 m,使用光纤的最大距离可达 3000 m。

7.1　介质访问控制方法

将传输介质的频带有效地分配给网络上各站点的用户的方法称为介质访问控制方法,介质访问控制方法主要解决介质使用权的算法或机构问题,从而实现对网络传输信道的合理分配。

(1)信道分配问题。信道分配方法有静态分配方法、动态分配方法两种。

静态分配方法是采用频分多路复用或时分多路复用的办法将单个信道划分后静态地分配给多个用户。

动态分配方法是用动态的方法为每个用户站点分配信道使用权。动态分配方法通常有 3 种:轮转、预约、争用。

轮转:使每个用户站点轮流获得发送的机会,适合于交互式终端对主机的通信。属于控制访问技术

预约:将传输介质上的时间分割成时间片,网上用户站点若要发送必须事先预约能占用的时间片。适用于数据流的通信。属于控制访问技术

争用:所有用户站点都能争用介质。实现简单,适合于突发式通信。属于随机访问技术

(2)介质访问控制方法。主要内容有:一是要确定网络上每个节点能够将信息发送到介质上去的特定时刻;二是要解决如何对共享介质访问和利用加以控制。

常用方法:载波监听多路访问/冲突 CSMA/CD、令牌环(Token Ring)、令牌总线(Token Bus)

7.2　CSMA/CD 介质访问控制

CSMA/CD 介质访问控制是一种随机争用的访问控制方式。

以太网采用总线型拓扑结构,连接在总线上的所有节点共用同一根总线,所有节点都能"听"到在总线上传输的信号。在同一时刻,只有一对节点可以通信,所以某个节点在通信前,要先探测总线是否空闲:只有总线空闲,才能发送数据。空闲时,若在某个瞬间,有多个节点想要发送数据,于是同时发送,也会产生冲突。为了避免,每个节点在探测到线路空闲并发送数据后还要继续监听,一旦发现自己发出的信号是错误的,则停止发送,等待一个随机时间后再尝试继续发送。

每个节点想要发送数据,应该采用下面的规则:

(1)监听信道是否空闲,如果空闲就立即发送发送数据,并且继续监听;

（2）如果信道忙就一直监听，直到信道空闲，立即发送；

（3）在传输过程中，一旦发现冲突，立即停止发送，并且发送干扰信号来强化冲突以便让其他节点知道；

（4）发送完干扰信号后，等待一个随机时间再试图发送，即转到（1）。

根据在信道忙时，对如何监听采取的处理方式不同，又可以将 CSMA 分为不坚持 CSMA、1 坚持 CSMA 和 P 坚持 CSMA 三种不同的协议。

不坚持 CSMA 协议的指导思想是：一旦监听到信道忙，就不再坚持监听，而是根据协议算法延迟一个随机时间后再重新监听。

1 坚持 CSMA 协议的指导思想是：监听到信道忙，坚持监听，直到信道空闲立即将数据帧发送出去。

P 坚持 CSMA 协议的指导思想是：当听到信道空闲时，就以概率 $P(0<P<1)$ 发送数据，而以概率 $1-P$ 延迟一段时间，重新监听信道。

CSMA/CD 协议中，当检测到冲突后，要等待随机时间再监听。等待的随机时间的确定常常采用二进制指数退避算法。该算法的思路是：

（1）当站点发生第 1 次冲突，等待 $0\sim2^1-1$ 个时间片；

（2）当站点发生第 2 次冲突，等待 $0\sim2^2-1$ 个时间片；

依次类推，当站点发生第 n 次冲突，在 $n\leqslant10$ 时，等待 $0\sim2^n-1$ 个时间片；$n\geqslant10$ 后，等待 $0\sim2^{10}-1$ 个时间片；

（3）当站点发生冲突的次数达到第 16 次时，将放弃该数据帧的发送。

CSMA/CD 协议有以下特点：负载较轻时的效率比较高，重负载时，冲突增加，网络的吞吐量下降。由于遇到冲突就停止发送，在一段随机时间后再试图发送，发送和响应的时间都不确定，所以实时性差。允许的数据帧不能太短，目的是为了与无效帧相区别。

7.3 令牌环

令牌网是利用一种称之为"令牌"的短帧来选择拥有传输介质的站，只有拥有令牌的工作站才有权发送信息，令牌平时不停地在环路上流动，当一个站有数据要发送时，必须等到令牌出现在本站时截获它，即将令牌的独特标志转变为信息的标志，然后将要发送的信息附在之后发出去。

令牌环中主要有以下操作。

（1）截获令牌并且发送数据帧。如果没有节点需要发送数据，令牌就由各个节点沿固定的顺序逐个传递；如果某个节点需要发送数据，它要等待令牌的到来，当空闲令牌传到这个节点时，该节点修改令牌帧中的标志，使其变为"忙"状态，然后去掉令牌尾部，加上数据，成为数据帧，发送到下一节点。

（2）接收与转发数据。数据帧每经过一个节点，该节点就比较数据帧中的目的地址，如果不属于本节点，则转发出去；如果属于本节点，则复制到本节点的计算机中，同时在帧中设置已经复制的标志，然后向下一节点转发。

（3）取消数据帧并且重发令牌。当数据帧通过闭环重新传到发送节点时，发送节点不再转发，而是检查是否发送成功。如果发现数据帧没有被复制，则重发该数据帧；如果发现传输成功,则清除该数据帧,并且产生一个新的空闲令牌发送到环上。

令牌环网有以下特点:在环路中只有截获令牌的节点才可发送数据,不存在多个节点同时试图发送数据的冲突。可以实现多点传输。在负载较轻时,节点也不能立即发送数据,而要等到令牌传到后,才能发送数据,所以在轻负载时的效率比较低,支持优先级服务,实现和维护比较复杂。

7.4　令牌总线

令牌总线结合了总线结构网和令牌环网的优点,采用总线拓扑结构,但用传递令牌的机制来进行介质访问控制,所以令牌总线在物理上是线形网,在逻辑上是环形网。

总线上的每个节点按一定顺序形成一个逻辑环,逻辑环中节点的顺序与节点在总线上连接的位置无关,每个节点都保存它上一个节点和下一个节点的逻辑地址或序号,并且可以动态设置。

令牌按节点在逻辑环中的顺序传送,只有得到令牌的节点才可以向总线发送数据,其他节点只能监听总线或从总线上接收数据。因此不会产生冲突。

令牌总线的工作过程是这样的:令牌在总线上传播时带有下一节点的地址,当逻辑环中的一个节点要发送数据时,要等待令牌的到来,它的上一节点在传出令牌时,把下一个节点的地址加到令牌中,令牌在总线上广播,只有地点相符的节点才接受令牌,其他节点不予理睬。

令牌总线上的节点不一定都在逻辑环中,不在环中的节点可以接收数据,但是无法获得令牌,不能主动发送数据。一个节点可以动态的插入逻辑环,也可以动态的退出逻辑环。

与 CSMA/CD 相比,令牌总线不存在冲突,在重负载下,令牌总线具有较高的吞吐量。在轻负载时,令牌总线上的节点不能立即发送数据,而要等待令牌来到后才能发送,效率就比较低。

与令牌环相比,令牌总线上的令牌和数据在总线上直接传送,不像令牌环中那样一个节点一个节点的转发,所以时间延迟比较小,实时性好。

令牌总线的主要缺点体现在它的复杂性上,逻辑环的维护和实现都比较复杂。

7.5　FDDI

光纤分布数据接口(Fiber Distributed Data Interface,FDDI)是用光纤作为传输介质的高速网络。FDDI 标准是 20 世纪 80 年代由美国国家标准协会(ANSI)制定的,并且获得 ISO 的批准,成为国际标准。

FDDI 的基本结构是两个信息流向相反的环结构,一个环是主环,另一个环是副环。正常情况下,数据在主环上传送,当某个站点出现故障,或某段线路出现故障,就使主环与副环形成一个新环,把产生故障的站点或线路排除在外,保证网络继续正常工作,即通过增加冗余环路提高系统的可靠性。

FDDI 有以下特点:传输速率高,可达 100Mbps。传输距离长、覆盖范围大。环路长度最大可以达到 100km,即光纤总长度可以达到 200km。如果使用多模光纤,两个相邻站点之间的最大距离为 2km;如果使用单模光纤,两个相邻站点之间的最大距离为 60km。可靠性高。

出现故障时,可重建环路。安全性好。传输介质是光纤,信息在传输过程中被分接窃听或接收辐射波窃听的可能性比较小,具有较好的安全性。可以动态分配传输能力

FDDI 采用令牌传递的方法,实现对介质的访问控制。在 FDDI 中,发送数据的站点在截获令牌后,可以发送一个或多个数据帧,当数据发送完毕,或规定的时间用完,则立即释放令牌,不管发出的数据帧是否绕行一周回到发送站点。这样,在数据帧还没有回到发送它的站点被清除之前,其他站点有可能截获令牌,并且发送数据帧。所以,在 FDDI 的环路中可能同时有多个站点发出的数据帧在流动,这就提高了信道的利用率,增加了系统的吞吐量。

在正常情况下,FDDI 中主要存在以下一些操作。

(1)传递令牌。在没有数据传送时,令牌一直在环路中绕行;每个站点如果没有数据要发送,就转发令牌。

(2)发送数据。如果某个站点需要发送数据,当令牌传到该站点时,不再转发令牌,而是发送数据。可以一次发送多个数据帧。当数据发送或到达时,则停止发送,并立即释放令牌。

(3)转发数据帧。每个站点监听经过的数据帧,如果不属于自己,就转发出去。

(4)接收数据帧。当站点发现经过的数据帧属于自己,就复制下来,然后转发该数据帧。

(5)清除数据帧。发送站点和其他站点一样,随时监听经过的帧,发现是自己发出的帧就停止转发。

FDDI 上的设备可以分为集中器和站点。集中器是构成 FDDI 网络的基本单元,其主要作用是将 FDDI 站点连接到 FDDI 环路上去,利用集中器可以组成 FDDI 网络的各种拓扑结构。

集中器和站点又可分为双联接和单联接两种。双联接集中器(DAC)和站点(DAS)可以直接联接在 FDDI 的双环上,单联接集中器(SAC)和站点(SAS)通过双联接集中器连接到 FDDI 的双环上。

常见的 FDDI 物理拓扑有 3 种结构:双环结构、集中器树结构和双环树结构。

双环结构是 FDDI 最典型的结构,常作为校园网的主干网,也可用于构成城域网的主干网。

集中器树结构用 FDDI 集中器和站点构成的一个树型结构网络,树根和树干是双连接和单联接集中器,树的叶结点是双连接或单联接站点。适合楼宇主干网系统,楼层之间组成树型结构的树干,每层以集中器为中心形成分支节点和叶结点。

双环树结构是 FDDI 最常用的形式,也最能反映 FDDI 的特点。在双环上连接双联接站点和双联接集中器,再以双联接集中器为树根,连接其他集中器和站点,构成树型结构。常用来组建大型企业网和校园网。

第八章 无线网络

随着信息技术与信息产业飞速发展,人们对网络通信的要求也不断提高,无线电技术能实现远距离的通信,即使在室内或相距咫尺的地方,无线电也可发挥巨大作用。于是无线网络技术随之应运而生,无线网络(wireless network)是采用无线通信技术实现的网络。无线网络既包括允许用户建立远距离无线连接的全球语音和数据网络,也包括为近距离无线连接进行优化的红外线技术及射频技术,与有线网络的用途十分类似,最大的不同在于传输媒介的不同,利用无线电技术取代网线,可以和有线网络互为备份。它克服了传统网络技术的不足。无线网络技术主要包括 IEEE802.11,Hiper2.LAN2,HomeRF,蓝牙等。它使人们彻底摆脱了线缆的束缚,在整个区域内实现随时随地的无线连接。

无线网络由基本服务单元(Basic Service Set,BBS)、站点(Station)、接入点(Access Point,AP)、扩展服务单元(Extended Service Set,ESS)组成。基本服务单元是网络最基本的服务单元。最简单的服务单元可以只由两个无线客户端组成,就好比对等网络,客户端可以动态的连接(associate)到基本服务单元中。站点是网络最基本的组成部分,通常指的就是无线客户端。无线接入点既有普通有线接入点的能力,又有接入到上一层网络的能力。其中 AP 和无线路由器是有区别的,相比来说,无线路由器的功能更多。不过基本功能上两者并无实质性的区别,所以在很多文章中都会将无线路由器也称之为 AP,从广泛意义上讲,也不算错。扩展服务单元由分配系统和基本服务单元组合而成。这种组合是逻辑上,并非物理上的——不同的基本服务单元有能在地理位置上相去甚远。

由于网络一般分为局域网和广域网,本书将着重对局域网部分进行阐述。

8.1 无线局域网的优缺点

1.无线局域网的优点

(1)灵活性和移动性。在有线网络中,网络设备的安放位置受网络位置的限制,而无线局域网在无线信号覆盖区域内的任何一个位置都可以接入网络。无线局域网另一个最大的优点在于其移动性,连接到无线局域网的用户可以移动且能同时与网络保持连接。

(2)安装便捷。无线局域网可以免去或最大限度地减少网络布线的工作量,一般只要安装一个或多个接入点设备,就可建立覆盖整个区域的局域网络。

(3)易于进行网络规划和调整。对于有线网络来说,办公地点或网络拓扑的改变通常意味着重新建网。重新布线是一个昂贵、费时、浪费和琐碎的过程,无线局域网可以避免或减少以上情况的发生。

(4)故障定位容易。有线网络一旦出现物理故障,尤其是由于线路连接不良而造成的网络中断,往往很难查明,而且检修线路需要付出很大的代价。无线网络则很容易定位故障,只需更换故障设备即可恢复网络连接。

(5)易于扩展。无线局域网有多种配置方式，可以很快从只有几个用户的小型局域网扩展到上千用户的大型网络，并且能够提供节点间"漫游"等有线网络无法实现的特性。

由于无线局域网有以上诸多优点，因此其发展十分迅速。近几年来，无线局域网已经在企业、医院、商店、工厂和学校等场合得到了广泛的应用。

2.无线局域网的缺点

(1)性能。无线局域网是依靠无线电波进行传输的。这些电波通过无线发射装置进行发射，而建筑物、车辆、树木和其他障碍物都可能阻碍电磁波的传输，所以会影响网络的性能。

(2)速率。无线信道的传输速率与有线信道相比要低得多。目前，无线局域网的最大传输速率为 54Mbit/s，只适合于个人终端和小规模网络应用。

(3)安全性。本质上无线电波不要求建立物理的连接通道，无线信号是发散的。从理论上讲，很容易监听到无线电波广播范围内的任何信号，造成通信信息泄漏。

8.2　无线传输介质

无线局域网的基础还是传统的有线局域网，是有线局域网的扩展和替换。它只是在有线局域网的基础上通过无线 HUB，无线访问节点（AP），无线网桥，无线网卡等设备使无线通信得以实现。与有线网络一样，无线局域网同样也需要传送介质。只是无线局域网采用的传输媒体不是双绞线或者光纤，而是红外线（IR），或者无线电波（RF），微波。以无线电波（RF）使用居多。

(1)红外（IR）系统。红外线局域网采用小于 $1\ \mu m$ 波长的红外线作为传输媒体，有较强的方向性。它采用低于可见光的部分频谱作为传输介质，红外线辐射的电磁频率范围在可见光和微波之间，激光和微波激射都可以发出单色的红外线，这些是不可见的。但它们同无线电和微波一样，可以不需要空气介质就能传播。而且使用不受无线电管理部门的限制。红外信号要求视距传输。并且窃听困难。对邻近区域的类似系统也不会产生干扰。红外无线 LAN 是目前 100Mbit/s 以上，性能价格比高的网络唯一可行的选择。它的优点是有方向性、便宜、易于制造，防窃听安全性比无线电系统好。缺点在于：不能通过固体物质。

(2)无线电波（RF）。采用无线电波作为无线局域网的传输介质是目前应用最多的。这主要是因为无线电波的覆盖范围较广，应用较广泛。使用扩频方式通信时，特别是直接序列扩频调制方法因发射功率低于自然的背景噪声，具有很强的抗干扰抗噪声能力，抗衰落能力。这一方面使通信非常安全。基本避免了通信信号的偷听和窃取。具有很高的可用性。另一方面无线局域使用的频段主要是 s 频段（2.4GHZ～2.483GHZ）这个频段也叫：ISM（Industrial、Scientific 及 Medical）即工业科学医疗频段。该频段属于工业自由辐射频段，不会对人体健康造成伤害。所以无线电波成为无线局域网最常用的无线传输媒体。

(3)微波传输。微波具有短的波长和很高的频率，像其它电磁波一样，微波可以通过空间进行扩散和传播，在局域网应用中，这些微波必须使用天线定向或引导才能进行传输。由于微波的频率很高，所以它能用从发射机天线到接收机天线很窄的波束准确地定向。微波技术解决了红外线技术只能在可视距离内传输的问题，所提供的带宽超过红外线和扩频通信的带宽。由于具有很高的频率，应此能承载更多的信息。

在波谱中,无线电波、微波、红外光和可见光都可以通过调节振幅、频率或者波的相位来传输信息。电磁波可以承载的信息量与它的波长相关。大多数传输都使用窄的频段以获得最佳的接收能力。有些情况下,使用宽的频段具体方法有两种:跳频扩频和直接序列扩频。

扩展频谱技术是指发送信息带宽的一种技术。它将信号扩展到更宽的频谱上传输,因此,它被称为扩频技术。它是一种信息传输方式,其信号所占有的频带宽度远大于所传信息必需的最小带宽。频带的扩展是通过一个独立的码序列来完成,用编码及调制的方法来实现的,与所传信息数据无关;在接收端也用同样的码进行相关同步接收、解扩及恢复所传信息数据。

跳频扩频通信(Frequence Hopping Spread Spectrum,FHSS)是扩频技术中常用的一种方法。其通信技术的特点包括:将可利用的频带划分成多个子频带(信道);每个信道的带宽相同,中心频率由伪随机数发生器的随机数决定,变化的频率值称为跳跃系列;发送端与接收端采用相同的跳跃系列。

IEEE802.11标准规定跳频通信使用2.4GHz的工业、科学与医药专用的ISM频率,频率范围在2.400~2.4835GHz。跳频扩频通信的数据传输速率为1Mbps或2Mbps。

直接序列扩频(Direct Sequence Spread Spectrum,DSSS)是扩频技术中另外一种方法。DSSS通信技术有以下特点:将待发送的数据经过伪随机数发生器产生的为伪随机码进行异或操作,再将异或操作结果的数据调制后发送;所有接收节点使用相同的频段;发送端与接收端使用相同的伪随机码。

直接序列扩频使用2.4GHz的工业、科学与医药专用的ISM频段,数据传输速率为1Mbps或2Mbps。

8.3 无线网络中的常用名词

1. WLAN

WLAN(Wireless Local Area Network)无线局域网,工作于2.5GHz或5GHz频段,以无线方式构成的局域网。

2. 无线控制器 AC

无线控制器是一个无线网络的核心,负责管理无线网络中的AP(包括配置信息下发,信道选择,功率调节,信号射频管理等),以及提供认证、加密、授权等服务功能。

3. Wi—Fi

Wi—Fi是一种可以将个人电脑、手持设备(如PDA、手机)等终端以无线方式互相连接的技术。Wi—Fi是一个无线网路通信技术的品牌,由Wi—Fi联盟(Wi—Fi Alliance)所持有。目的是改善基于IEEE 802.11标准的无线网路产品之间的互通性。

Wi—Fi的突出优势:其一,无线电波的覆盖范围广;其二,传输速度快;其三,节省布线成本;其四,健康安全,因无线网络使用方式不似手机,直接接触人体,是绝对安全的。

4. AP(access point)

AP无线接入点,负责收发信号,我们这里在行业中应用的AP,通常是指瘦AP,其可管理性,相关配置由无线控制器AC统一下发。相比而言,家庭常用的无线路由器叫作胖AP,胖AP覆盖范围局限,信号强度稳定性一般,且不能无缝漫游,只适合家庭式小区域无线覆盖。

5.无缝漫游

无缝漫游是指在无线网络中,用户从 A 点走到 B 点,经过了多个 AP 覆盖的范围,而网络不会中断,且外网丢包率小于 1%。比如酒店用户用 Ipad 在前台 check in 时连接上了酒店的无线网络,然后手续办好走到客房,这个过程中网络不会中断。使用小型无线路由覆盖的网络,即使整个酒店都已经覆盖了无线信号,但是仍然不能实现漫游。

6. SSID (Service Set IDentifier)

SSID 就是一个无线网络的标识,用于区分不同的无线网络,如图 8-1 所示。

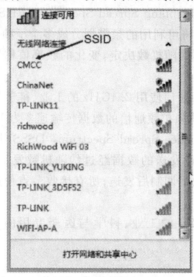

图 8-1 SSID

8.4 无线局域网的主要协议标准

无线接入技术区别于有线接入的特点之一就是标准不统一。不同的标准有不同的应用。目前比较流行的有:IEEE802.11 标准,蓝牙(BLUETOOTH)标准以及家庭网络(HOMERF)标准。

1. IEEE 802.11 标准

作为全球公认的局域网权威,IEEE 802 工作组建立的标准在局域网领域内得 到了广泛应用。这些协议包括 802.3 以太网协议、802.5 令牌环协议和 802.3z100BASE-T 快速以太网协议等。IEEE 于 1997 年发布了无线局域网领域第一个在国际上被认可的协议——802.11 协议。1999 年 9 月,IEEE 提出 802.11b 协议,用于对 802.11 协议进行补充,之后又推出了 802.11a,802.11g 等一系列协议,从而进一步完善了无线局域网规范。

IEEE802.11 工作组制订的具体协议如下:

802.11a 采用正交频分(OFDM)技术调制数据,使用 5GHz 的频带。OFDM 技术 将无线信道分成以低数据速率并行传输的分频率,然后再将这些频率一起放回接 收端,可提供 25Mbit/s 的无线 ATM 接口和 10Mbit/s 的以太网无线帧结构接口,以及 TDD/TDMA 的空中接口。在很大程度上可提高传输速度,改进信号质量,克服干扰。物理层速率可达 54Mbit/s,传输层可达 25Mbit/s,能满足室内及室外的应 用。802.11b 也被称为 Wi-Fi 技术,采用补码键控(CCK)调制方式,使用 2.4GHz 频带,其对无线局域网通信的最大贡献是可以支持两种速率——5.5Mbit/s 和 11Mbit/s。多速率机制的介质访问控制可确保当工作站之间距离过长或干扰太大、信噪比低于某个门限值时,传输速率能够从 11Mbit/s 自动降到 5.5Mbit/s,或根据直序扩频技术调整到 2Mbit/s 和 1Mbit/s。在不违反 FCC 规定的前提下,采用 跳频技术无法支持更高的速率,因此需要选择 DSSS 作为该标准的唯一物理层技术(见表 8-1)。

表 8-1 无线技术标准

无线技术与标准	802.11	802.11a	802.11b	802.11g	802.11n
推出年份	1997	1999	1999	2002	2006
工作频段	2.4GHz	5GHz	2.4GHz	2.4GHz	2.4GHz 和 5GHz
最高传输速率	2Mbps	54Mbps	11Mbps	54Mbps	108Mbps 以上
实际传输速率	低于 2Mbps	31Mbps	6Mbps	20Mps	大于 30Mbps
传输距离	100m	80m	100m	150m 以上	100m 以上
主要业务	数据	数据、图像、语音	数据、图像	数据、图像、语音	数据、语音、高清图像
成本	高	低	低	低	低

2. CSMA/CA

IEEE802.11 不采用有线网络中的带碰撞检测的载波监听的多址接入(CSMA/CD)技术,而采用了带碰撞避免的载波监听多址接入技术(CSMA/CA),它是 WLAN MAC 层最基本的接入方法。是分布协调功能(DCF)的基础。

CSMA/CA 的信号发送流程具体描述如下:某工作(STA)站在发送信息之前,检测信道是否空闲以及空闲的时间是大于 IEEE802.11 规定的帧间隔时间——IFS。如果否,该 STA 就延迟接入,直到当前的传输结束。之后,也就是一次成功的传输刚结束,这时碰撞发生率最高,因为所有的 STA 都延迟等待这一时刻的到来,为进一步减少碰撞,STA 选择随机退避(BACKOFFTIME)再次延迟接入。在检测信道的同时倒数 BACKOFFTIME 计数器,直到其值为 0。这时,如果其他的 BACKOFFTIME 计时器的数值更短,它就赢得了信道的占用权。其他的 STA 检测到信道忙,只有再次延迟接入。否则,如果信道空闲,则发送信息。

3. 四次握手协议

IEEE 802.11 在 CSMA/CA 的基础上提供了确认帧 ACK(Acknowlegement),保证在 MAC 层对帧丢失予以检测并重新发送。为了进一步避免碰撞,解决隐藏终端问题,又加入了 RTS/CTS + ACK 协议。工作站在发送信息之前先发送一"发送请求"控制包,即 RTS 给目的站。如果信道空闲,目的站回发一"发送响应"控制包,即 CTS ,如果检信道忙,不发送 CTS,这样可避免不同工作站同时向同一目的站发送信息。如果源站收到 CTS 帧,证明信道空闲,它就可以继续发送有用数据(DATA)。如果该 DATA 需要,目的站在成功接收后,经过最短帧间隔时间后就回发确认帧(ACK),如果在规定的时间间隔后,源站未能收到 ACK,那么它就可判断出信息发送失败,可根据需要重发,这样可避免信息丢失。

4. 蓝牙(bluetooth)

蓝牙(IEEE 802.15)是一项最新标准。对于 802.11 来说,它的出现不是为了竞争而是相互补充"蓝牙"是一种极其先进的大容量近距离无线数字通信的技术标准,其目标是实现最高数据传输速度 1Mbps(有效传输速率为 72kbps)。最大传输距离 10cm~10m。通过增加发射功率可达到 100m，蓝牙比 IEEE 802.11 更具移动性。比如 IEEE 802.11 限制在办公室和校园内，而蓝牙却能把一个设备连接 LAN（局域网），WAN（广域网）。甚至支持全球漫游。此外，蓝牙成本低，体积小，可用于更多的设备。"蓝牙"最大的优势还在于，在更新网络骨干时，如果搭配"蓝牙"架构进行。使用整体网路的成本肯定比铺设线缆低。

5. 红外线技术

IEEE802.11 标准有 3 种物理层规范，其中之一是红外线局域网，其他两种是采用扩频技术的局域网。红外线系统采用低于可见光的频率来传输数据。波长介于 850 nm 和 950 nm 之间、不能穿透不透明的物体，支持 1～2 Mbps 的数据速率，适于近距离通信。目前，红外线技术已很少使用，扩频技术已成为 WLAN 技术的发展主流。

8.5 移动通信网络

1. 引言

第一代（1G）移动通信技术于 20 世纪 80 年代初被提出，到如今正处于研究阶段的第五代（5G）移动通信系统，移动通信技术已经历了四个重要发展阶段。第一代模拟移动通信系统、第二代数字移动通信系统、第三代多媒体移动通信系统。以及现在处于大热之势的第四代多功能集成宽带移动通信系统。

我国的移动通信网络从 20 世纪 80 年代中期开始建设，自从 1987 年在广东和北京分别开通了以模拟无线信号为特征的第一代公众移动通信系统，我国移动通信的市场便以始料不及的速度发展壮大。经历 10 多年的发展后，第 2 代（2G）的数字移动通信网取代了模拟移动通信网，并由最初单纯的语音通信转移到提供语音、图像、文字等综合信息的传输，并能无线接入因特网。伴随着网络覆盖范围的逐步扩大和业务的基本完善，国内移动用户以年均增长 100% 以上的速度发展，到 1995 年底，全国移动用户总数超过了 380 万户。在当时的网络建设中，总体呈现的特征是供应商单一，用户需求旺盛，设备昂贵，业务单调。从 1995 年开始，伴随着中国联通的成立和其采用数字移动通信的竞争战略，当时的中国电信危机感骤增，在优化其模拟移动网络的同时，果断决定建设覆盖全国范围的 GSM 网络。GSM（Global System for Mobile）是当时欧洲提出的数字移动通信标准，其网络结构和模拟移动系统有所不同，突出了不同移动性管理功能由多个独立的网络单元承担的特点。虽然 GSM 时分系统高效率带来的话音质量效果较模拟系统稍差，但其高保密性正好解决了当时困扰运营商的手机盗号问题，而且其接口开放性和规模经济效应均优于模拟移动系统。与建设模拟移动系统不同的是，由于 GSM 系统注重网络结构和接口的标准化及其开放性，中国移动从网络建设初期就建立了两级信令转接和大区汇接局的组网结构，为后来大规模网络扩容奠定了良好的基础。但随着人们对移动多媒体信息以及移动数据传输的需求大幅度的增加，2G 系统的传输速率再也难以满足。随之走进人们生活的便是 3G 系统。

3G 移动通信系统，给我们提供高达 2Mbps 的数据传输速率。在 2G 系统中以 9.6Kbps 的速率传输 1Mbit 的图像需要 14 min，而在 3G 系统中以 2Mbps 的速率传输仅需 4 s。第 3 代系统移动通信系统是 2000 年左右在世界各国研究与发展的关键通信技术。然而，3G 的核心网是从 2G 演进而来，并不是传输 TCP/IP 数据包的最优结构。为了真正实现移动通信与因特网的结合，必须发展更先进的无线技术，建设不同于 3G 的新网络。4G 网络紧接着发展而来，能够在更高的数据传输速率下实现无缝漫游，其数据传输速率从 2Mbps 到 1Gbps，还能够提供低时延的新业务。成为时下高效、快速传播的信息时代不可缺少的部分。

在现阶段，我国移动通信产业呈现出令人瞩目的成绩，已成为我国国民经济中的主要组成部分，发展态势相对于以往有所提高，加之随着我国市场经济发展，国民对移动通信的需求日益强烈、要求日益提高，这都为我国移动通信的发展带来了庞大的潜在客户。我国移动通信的发展取向与其技术特点具有紧密关联，例如个性化及移动化，且随移动网络的覆盖面不断拓宽，个人平摊成本得以降低，确切而言，从我国市场经济健康发展角度来看，为移动通信持久发展提供了良好机遇。本书在回顾 30 年来移动通信发展历程的基础上，展望了未来进一步完善 4G 移动通信网络的 5G 移动通信技术。

2. 移动通信技术发展历程

(1)第一代(1G)移动通信技术。1971 年，贝尔实验室在技术报告中论证了蜂窝系统的可行性，之后各国都对蜂窝移动通信系统进行了深入的研究。其中，美国研制成功的"高级移动电话系统(AMPS)"和英国制定的"全接入通信系统(TACS)"是模拟移动系统的两主要系统，它们传输和处理的都是模拟信号，并都采用频分复用的无线接入方式，信道带宽大约为 25～30kHz。这些模拟蜂窝系统即第 1 代移动通信系统(1G)。此项技术完成于 20 世纪 90 年代初，不同国家采用不同的工作系统，最早投入使用的有 NAMTS(1979,日本)，其后有 NMT－450(1981,北欧)、NMT－900(1988,北欧)、AMPS－800(1983,美国)、TACS－900(1985,英国)。我国主要采用的 1G 制式为 TACS 技术，传输速度大概为 2.4Kbps。

由上文知，1G 系统广泛采用多址接入(FDMA)技术，即每个用户被分配一个唯一的信道，且这些信道不能被其他用户共享，均是按需分配。此技术优点在于其符号时间远大于平均延迟扩展，码间干扰较少。然后 1G 系统采用的是模拟方式，即通过电波所传输的信号模拟人讲话声音的高低起伏变化的通信方式。模拟系统的质量可以与固定电话媲美，使通话双方能够清晰地听出对方的声音。同时，1G 系统采用的是频分双工的模式，即用户必须被同时分配一对频率，且要求同时占用 2 个信道才能实现双工通信。

1G 系统在发展过程中也遇到了一些难题和不足：

(1)由于 FDMA 技术的每信道占用一个载频，相对带宽较窄，故通常在窄带系统中实现；

(2)系统中基站复杂庞大，易产生信道间的互调干扰；

(3)越区切换复杂；

(4)模拟调制，故保密性差，容易被第三方窃听；

(5)提供业务单一，只能实现话务；

(6)受传输带宽限制，不能进行长途漫游；

(7)传输速率低，只有 1.2Kbps～10Kbps。

可见第一代移动通信技术难以适应用户的数字业务需求，因此，走向数字化是移动通信发展的必然趋势，并且随着技术发展，目前 1G 移动通信网络已经淘汰，1G 时期象征着身份地位财富的"大哥大"也随之成为了历史。(见表 8－2)

表 8-2 通信技术的干扰方式

干扰方式	起因	解决方法
互调干扰	系统内非线性器件产生的各种组合频率成分落入本频道的接收机通带内	选用无互调的频率集
邻道干扰	相邻波道信号中存在的寄生辐射落入本频道接收机带内	加大频率间的隔离度
同频干扰	相邻区群中同信道小区的信号造成的干扰	适当选择频道的干扰因子 Q

(2)第二代(2G)移动通信技术。80 年代中后期,欧洲率先提出了 GSM(全球移动系统)数字移动通信系统,其传输速率可达 64Kbps,它很快就被多国商用,并成为当时数字系统中规模最大的网络。由于数字系统相对于模拟系统具有很明显的优越性,它的发展极为迅速,并保持着迅速发展的趋势。上述数字移动系统被称为第 2 代移动系统(2G),开始于 20 世纪 80 年代末并完成于 20 世纪 90 年代末。

为满足人们对不同信息形式的需求,2G 系统由 1G 网络最初单纯的语音通信转移到提供语音、图像、文字等综合信息的传输,并能无线接入因特网。它以数字传输和交换为基础,具有系统容量大、频率利用率高、通信质量好、业务种类多、易于保密、抗干扰能力强、设备小巧轻便、成本低且能与 ISDN(综合业务数字网)联网等优点。2G 网络是基于数字传输的,并且有多种不同的标准(如 GSM、CT2、CT3、DECT、DCSl800)。由 1992 年第一个 GSM 网络开始商用,到 1996 年之时,国际上正在开发和已经进入商用的数字制蜂窝移动通信系统主要有三种制式:由欧洲电信标准协会制定标准,欧洲邮电管理委员会(CEPT)主持开发的 GSM 系统;由美国电子工业协会/电信工业协会(EIA/T)主持开发的 D-AMPS(IS-54)系统等;另外还有日本的 PDC 系统。

GSM 通信是当时使用的最普遍的一种标准,GSM 使用 900MHz 和 1800MHz 两个频带。GSM 通信系统采用数字传输技术并利用用户识别模块(SIM)技术鉴别用户,通过对数据加密来防止偷听。GSM 传输使用时分多址(TDMA)和码分多址(CDMA)技术来增加网络中信息的传输量,但是 GSM 不能实现全球无缝漫游。其他的 2G 系统是 IS-95CDMA,PDC 和 lS-136TDMA 等。

2G 系统大都采用了时分复用的多址接入方式,也称时分多址(TDMA)技术,信道带宽为 25~200kHz。以 GSM 标准为代表,采用了帧的交错,即为了避免 GSM 在同一时间同时接收发射引起的干扰,就必须使时间的接收发射时隙分开,故移动通信台在接受发射时使用一样的时隙号,而接收的 TDMA 帧开始时刻相对于发射的 TDMA 帧开始时刻延迟了若干个时隙的时间间隔(USDC 为 2 时隙,GSM 为 3 时隙)。但也有国家采用码分多址(CDMA)技术的,以 lS-95 标准为代表。同属 2G 系统的 IS-95 是美国高通公司于 1990 年提出的,它采用码分多址(CDMA)无线接入技术,信道带宽达到 1.25MHz,远高于其他 2G 系统。其中第 2.5 代移动通信系统(2.5G)是 2G 向 3G 发展过程中的中间过渡,它是 2G 的扩展和加强,通用无线分组业务(GPRS)可以看作在 2G 和 3G 之间移动通信技术发展的过渡时期,它是 GSM 的扩展,GPRS 于 2000 年开始运行。GPRS 是一种数据业务,它能够使移动设备发送和接收电子邮件及图片信息。GPRS 的常用速度为 115Kbps,通过使用增强数据率的 GSM(EDGE)最大速率可达 384Kbps,而典型的 GSM 数据传输速率为 96Kbps。

将 2G 移动通信技术与 1G 移动通信技术相对比,其具有较强的保密特性,频谱的运用率也较高。2G 移动通信技术能够满足人们异地漫游的需求,业务空间范围也得以开阔。发展第 2 代移动通信系统时,各国根据自己的情况发展各自的系统,以致多种体制不能互相兼容,国际上对于 2G 制式也始终没有一个明确统一化的标准,其漫游的范围因此受到了一定的限制,仅能满足同一种制式区域中的漫游,更难以实现全球漫游。2G 移动通信技术在多媒体业务的应用方面依旧存在着阻碍。而且 2G 移动通信各个系统主要是为话音业务设计的,虽能提供一些辅助业务,但远远不能满足多媒体通信的需要。便携式计算机的迅猛发展使得人们对移动数据业务的要求迅速增长,因特网的普及使得交互式的多媒体"数据"业务(融合话音、文本、图形、图像等业务于一体)在未来的通信系统中占有重要的地位。人们要求移动通信具备固定网络的高质量、宽带性的特点。要求蜂窝网成为综合业务数字网(ISDN),信息传输速率达到 144Kbps,甚至 2Mbps。而这些业务靠当时的无线通信系统是难以达到的。即使在原有 900MHz 频段的基础上增加了 1800MHz 频段,可以解决容量问题但却不能解决数据速率问题。即使采用一些改进的技术,如 GPRS(通用分组无线业务)、EDGE(增强数据速率应用),也不能从根本上解决问题。所有这些,都意味着必须突破现有网络,建设更为完善的第 3 代移动通信网,达到传送宽带化、多媒体和构成 ISDN 的目标。

(3)第三代(3G)移动通信技术。第三代移动通信技术简称 3G,开始于 20 世纪 90 年代末,顾名思义是相对于前两代信息技术标准而言的,是指支持高速数据传输的蜂窝移动通信技术。早在 2G 系统投入运营之前,国际电联已着手第三代的移动通信系统技术体制的研究,除了解决第 2 代存在的问题外,还要满足人们对数据传输能力不断增长的要求。与前两代技术相比,在数据上网速度优势提升明显,在室内、室外和行车的环境中能够分别支持至少 2Mbps、384Kbps 以及 144Kbps 的传输速度。3G 时代统一了不同的移动技术标准,使用高的频带和 TDMA 技术传输数据来支持多媒体业务,而且能够提供多种宽带业务。其主要特点是无缝全球漫游、高速率、高频谱利用率、高服务质量、低成本和高保密性等。

3G 系统广泛应用的是码分多址(CDMA)技术,是一种扩频多址数字式通信技术,通过独特的代码序列建立信道,不同用户传输信息所用的信号是靠各自不同的编码序列来区分,而不是用频率不同或时隙不同来区分。多用户共享同一频率;通信容量大,由于将信号扩展在一较宽频谱上,这样就可以减小多径衰落信道数据速率,故不需要自适应均衡;抗窄带干扰能力强,且对窄带系统的干扰很小,可以与其他系统共用频段;能够提供各种宽带业务,高速数据、慢速图像与电视图像。

第 3 代移动通信技术(3G)基本上是 2G 的线性扩展. 它们基于两种不同的骨干架构,一种基于电路交换,另一种则基于包交换。常见的 3G 标准包括:UMTS(W－CDMA)、CDMA2000、FOMA、TD－SCDMA 等。其中 UMTS(通用移动通信系统)是 3G 的欧洲标准,仍然采用数字传输技术并利用 SIM 鉴别对数据加密。信息传输使用宽带码分多址(WCDMA)并能得到 384Kbps 到 2048Kbps 的传输速率。事实上,WCDMA 已经成为 3G 接纳程度、应用范围最广的标准。

目前的全球的 3G 技术,主要有以下三种技术标准:WCDMA、CDMA2000 及 TD－SCD-MA。

1)WCDMA。由欧洲提出的 WCDMA 也被称为 CDMA Direct Spread。意为宽频分码多重存取,国内目前由中国联通公司运营。该技术规范基于 GSM 网络,与日本提出的宽带

CDMA 技术基本相同。其支持者以 GSM 系统的欧洲制造商为主，日本公司也参与其中，如爱立信、阿尔卡特、诺基亚、朗讯、北电、NTT、富士通、夏普等厂商。系统提供商可以通过采取 GSM(2G)—GPRS—EDGE—WCDMA(3G)的演进策略，使其架设在现有的 GSM 网络上，较轻易地过渡到 3G。

WCDMA 支持高速数据传输(慢速移动时 384Kbps，室内走动时 2Mbps)，支持可变速传输，帧长为 10ms，码片速率为 3.84Mbps. 异步 BS。其主要特点有：支持异步和同步的基站运行方式，组网方便、灵活；上、下行调制方式分别为 BPSK 和 QPSK；采用导频辅助的相干解调和 DS—CDMA 接入；数据信道采用 Reed Solomon 编码，语音信道采用 $R=1/3$、$K=9$ 的卷积码进行内部编码和 Veterbi 解码. 控制信道则采用 $R=I/2$，$K=9$ 的卷积码进行内部编码和 Veterbi 解码；多种传输速率可灵活地提供多种业务，根据不同的业务质量和业务速率分配不同的资源，对于低速率的 32Kbps、64Kbps、128Kbps 的业务和高于 128Kbps 的业务可通过分别采用改变扩频比和多码并行传送的方式来实现多速率、多媒体业务；快速、高效的上、下行功率控制减少了系统中的多址干扰. 提高了系统容量，也降低了传输功率；核心网络通过 GSM/GPRS 网络演进，保持了与 GSM/GPRS 网络的兼容性；BS 可收发异步 PN 码，即 BS 可跟踪对方发出的 PN 码，同时 MS 也可用额外的 PN 码进行捕获与跟踪，因此无须在 BTS 之间进行同步即可实现同步来支持越区切换及宏分集；支持软切换和更软切换，其切换方式包括扇区间软切换、小区间软切换和载频间硬切换。

与另两种技术标准相比，WCDMA 因具备较高的扩频增益，漫游能力最优，技术成熟度最高。

2)CDMA2000。CDMA 2000 由美国高通公司提出，国内现由中国电信公司运营。该技术采用多载波方式，载波带宽为 1.25MHz，分为两个阶段：第一阶段提供 144Kbps 的数据传送率，第二阶段则加速到 2Mbps。CDMA2000 和 WCDMA 在原理上没有本质的区别. 都起源于 CDMA(IS—95)系统技术，支持移动多媒体服务是 CDMA 技术发展的最终目标。CDMA2000 做到了对 CDMA(IS—95)系统的完全兼容，技术的延续性保障了其成熟性和可靠性，也使其成为从第二代移动通信系统向第三代移动通信系统过渡的最平滑的选择。但是 CDMA 000 的多载传输方式与 WCDMA 的直扩模式相比，对频率资源有极大的浪费，而且所处的频段与 IMT—2000 的规定也产生了冲突。

CDMA 000 标准是一个被称为 CDMA 000 family 的体系结构，其主要技术特点是：采用相同 M 序列的扩频码，通过不同的相位偏置对小区和用户进行区分；前反向同时采用导频辅助相干解调；支持前向快速寻呼信道 F—QPCH，可延长手机待机时间；快速前向和反向功率控制；采用从 1.25MHz 到 20MHz 的可调射频带宽；下行信道为提高系统容量采用公共连续导频方式进行相干检测，并在其传输过程中，定义了直扩和多载波两种方式，码片速率分别为 3.6864Mbps 和 1.22Mbps，多载波能很好地实现对 IS—95 网络的兼容；核心网络基于 ANSI—41网络演进，保持了与 ANSI—41 网络的兼容性；两类码复用业务信道设计，基本信道是一个可变速率信道，用于传送语音、信令和低速数据，补充信道用于高速率数据的传送。使用 ALOHA 技术传输分组，改善了传输性能；支持软切换和更软切换；同步方式与 IS—95 相同，基站间同步采用 GPS 方式。由以 IS—95 CDMA 为标准的美国和韩国制造商和运营公司发起的 CDMA 000 技术标准，继承了 IS—95 窄带 CDMA 系统的特点，网络运营商可以通过更换或增加部分窄带 CDMA 网络中的设备平滑过渡到 3G。

CDMA2000 发展于窄带 CDMAIS－95 技术,由美国公司提出,包含 CDMA20001x 到 CDMA20003x 的演进衍生,主要是载波技术的演变,CDMA2000 可以从 CDMA20001x 直接升级为 3G,建设成本较低廉,但支持者少于 WCDMA。

就技术而言,WCDMA 和 CDMA2000 都是 FDD 标准.都满足了 IMT－2000 所提出的全部技术要求。包括支持高比特率多媒体业务、分组数据和 IP 接入。但总体来看,WCDMA 似乎更胜一筹,其相对于 CDMA2000 的优势如下:

①WCDMA 使用了 CDMA20001x 三倍以上带宽和码片速率,可以提供更大的多路径分集、更高的中继增益和更小的信号开销。较高的码片速率(3.84Mbps)也改善了接收机解决多径效应的能力。

②由于 CDMA2000 中支持 IxEV－DO 的 TDM 接入系统采用共享时分复用下行链路,时隙固定,物理层兼容性较差。

③WCDMA 的功率控制频率达到了 1.5KHz,接近 CDMA2000 的两倍,能保证更好的信号质量和支持更多的用户。

④在小区站点同步方面,WCDMA 使用异步基站,而 CDMA2000 基站则由于通过 GPS 实现同步.使得室内天线部署困难。

⑤在导频信道占用下行链路总传输功率方面,CDMA2000 需要约 20％的开销,而 WCDMA 只需约 10％。可以节省更多的公用信道开销。

⑥计费、安全、漫游等为支持 GPRS 而部署的所有业务也支持 WCDMA 业务,而 CDMA20001x 需要添加额外的设备或进行功能升级。才能完善新的数据/话音网络。

⑦WCDMA 较 CDMA2000 能够更加灵活地处理话音和数据混合业务,在混合话音和数据流量方面,WCDMA 的系统性能比 CDMA2000 表现得更为出色。

CDMA2000 和 WCDMA 两者都采用基于 DS—CDMA 的无线传输技术均作为多用户接入技术。就技术而言。两者在技术先进性和发展成熟度上各有千秋。但由于全球移动系统有85％都在用的 GSM 系统.而 GSM 向 3G 过渡的最佳途径就是经过 GPRS 演进到 WCDMA。因此在传统网络基础和市场推广上,WCDMA 占据着更大的优势。

3)TD－SCDMA。该标准由中国原邮电部电信科学技术研究院(大唐电信)于 1999 年 6 月 29 日向 ITU 提出,融入了智能无线、同步 CDMA 和软件无线电等当今领先技术。在业务支持、频谱利用率上具有灵活性、频率灵活性和成本等方面的优势。由于国内市场庞大,该标准受到各大主要电信设备制造商重视,全球一半以上的设备制造商都宣布对其进行支持,目前国内由中国移动公司负责运营。

该标准提出跃过 2.5G 过渡到 3G,非常适于 GSM 系统直接升级到 3G,其主要技术特点有:智能天线技术,提高了频谱效率;同步 CDMA 技术,降低了上行用户问的干扰,并保持了时隙宽度;通过联合检测技术降低多址干扰;软件无线电技术应用于发射机和接收机;与数据业务相适应的多时隙、上下行不对称信道分配能力;接力切换可降低掉话率,提高切换效率;采用 AMR、GSM 兼容的语音编码;1.23MHz 的信号带宽和 1.28Mcps 的码片速率;核心网络通过 GSM/GPRS 网络演进,保持了与 GSM/GPRS 网络的兼容性;基站间采用 GPS 或者网络同步方式,降低了基站间的干扰。

与 WCDMA 和 CDMA2000 相比,作为国产的 TD－SCDMA 标准除了系统设备成本低,还具有以下优势:

①采用 TDD 方式、CDMA 和 TDMA 多址技术,在数据传输中针对不同类型的业务设置上、下行链路转换点较为容易,使得总的频谱效率更高。

②频谱灵活性强。仅需单一的 1.6M 频带就可提供速率达 2Mbps 的 3G 业务需求,而且非常适合非对称业务的数据传输。

③发送和接收在同一频段上,使得上、下行链路的具有很好的无线环境,更适合使用"智能天线"技术;CDMA 和 TDMA 相结合的多址方式,更利于联合检测技术的采用。这些技术都能减少干扰.提高系统的稳定性。

④同时满足 A、Gb、hb、Iu、IuR 等多种接口要求,其基站子系统可以作为 2G 和 2.5G 的 GSM 基站进行扩容,兼顾现在的需求和未来长远的发展。

⑤支持现存的覆盖结构,信令协议向后兼容,网络不必引入新的呼叫模式。与传统系统兼容性好,在现有通信系统基础上可以平滑过渡到下一代移动通信系统的。

⑥支持多载波直接扩频系统,在任何环境下,都可利用现有的框架设备、小区规划、操作系统、账单系统等支持对称或不对称的数据速率。

虽然 3G 系统比 2G 系统有更高的数据传输能力,且可以更有效地处理 TCP/IP 数据包,然而,3G 的核心网是由 2G 系统演进而来,它不是处理 TCP/IP 数据包的最优系统。3G 系统的数据传输速率也无力处理众多包含大量图像的信息。通信的不断发展,使得我们必须建立能最优地传输 TCP/IP 数据包,完全不同于 2G、3G 无线网络结构的新系统。

(4)第四代(4G)移动通信技术。4G 移动通信技术是当前移动通信业的最新产物,它集 3G 和 WLAN 于一体,能够传输高质量的视频和图像,相对而言更加不受时间与地点的限制,能够让用户随意接入网络,代表着现代移动通信的主流趋势。和 3G 技术相比较,4G 技术具有更全面、更快速的优势,提升了通信保密水平。

4G 通信技术井不是横空出世的,而是在传统通信技术的基础上不断实践、不断演变而成,通过新的通信技术来不断优化移动通信网络,为用户提供更好的体验,是集 3G 与 WLAN 于一体井能够传输高质量视频图像以及图像传输质量与高清晰度电视不相上下的技术产品,可以不依靠电缆直接建立起超高速信息公路,4G 网络的下行速率能达到 100Mbps,比拨号上网快 2000 倍,比 3G 快 20 倍,上传的速度也能达到 20Mbps,这种速率能满足几乎所有用户对于无线服务的要求。有人曾这样比较 3G 和 4G 的网速,3G 的网速相当于"高速公路",4G 的网速相当于"磁悬浮"。2012 年 1 月 18 日下午 5 时,在日内瓦举行的国际电联 2012 年无线电通信全体会议上,WirelessMAN－Advanced(802.16m)和 LTE－Advanced 技术规范通过审议,正式被确立为 IMT－Advanced(俗称"4G")国际标准。我国主导制定的 TD－LTE－Advanced 同时成为 IMT－Advanced 国际标准。

在通信行业中没有对 4G 移动通信技术其有过科学的统一的定义。一般来说,通过对 4G 移动通信技术的功能性描述来对其进行界定。首先,4G 移动通信技术可以在任何时间和任何地点无障碍的接入网络;其次,4G 移动通信技术的用户在选择业务和应用网络方面具有很强的自由性;再次,4G 移动通信技术不仅可以满足一般用户的需求,还能够实现电子商务的综合性业务;最后,4G 移动通信技术具有很强的开放性,它可以适应其他网络体系和系统,从而开展物联网上的业务。只要是基千以上几个功能性特征的移动通信技术,就可以称作 4G 移动通信技术。4G 移动通信主要具有以下特点:

1)信号能力强。经过近几年的发展,3G 技术已经被广大用户所熟悉,但由于 3G 技术所覆盖的面积有限,不能够实现全方位的信号接收,进而导致通信质量降低。而 4G 技术能够解决 3G 技术所不能解决的问题,诸如超高清晰图像业务和会议电视等业务,4G 技术不仅能够提供语音服务,还能够提供数据、影响等信息服务,真正实现多媒体通信,为用户提供更优质的服务。

2)传输速度快。传输速度快是 4G 技术最为明显的特点,4G 移动通信的网络频宽高达 2~8GHvz,是当前 3G 网络通用频宽的 20 倍。3G 的下载速度通常为 2Mb/s,而 4G 的下载速度能够达到 100Mb/s。3G 的上载速度为 1Mb/s,而 4G 的上载速度能够达到 20Mb/s。由此可见。4G 技术的接入能力强,传输速度快,能够有效规避传统通信技术存在的缺点,在速率方面占据绝对优势,能够更好地为用户提供更快速、更高质的通信服务。

3)高智能化。4G 技术的高智能化主要体现在功能方面,其具有自主选择和处理的能力。基于 4G 技术的手机,能够根据用户的需求,为其提供个性化的服务。例如,用户预先在手机上设定基于地理位置的相关提醒,当手机检测到用户到达所设定的地理位置时,便会向用户发出相关提醒。这类似的基于地理位置定位的提醒服务已经在 3G 技术上有所体现,在传输速度快和传输质量更快的 4G 技术的支持下,这类服务的精准度会更高。

4)灵活的通信方式。融合 4G 移动通信技术的通信工具,其通信方式更为灵活,不再仅局限于传统语音、视频等途径,更为重要的是完善终端服务,让终端设备能够随时随地与网络相连接,应用于通信环境,突破地域与时间的限制,共享网络信息。在 4G 技术的支持下,4G 手机不再仅仅局限于提供语音数据传输服务,还将具备多媒体电脑的所有功能,将为用户提供更加灵活多样的通信方式。

4G 移动系统网络结构可分为物理网络层、中间环境层和应用网络层等三层。物理网络层提供接入和路由选择功能,它们由无线和核心网的结合格式完成。中间环境层的功能有 QoS 映射、地址变换和完全性管理等。物理网络层与中间环境层及其应用环境之间的接口是开放的,它使发展和提供新的应用及服务变得更为容易,提供无缝高数据率的无线服务,并运行于多个频带。这一服务能自适应多个无线标准及多模终端能力,跨越多个运营者和服务,提供大范围服务。第四代移动通信系统的关键技术包括信道传输;抗干扰性强的高速接入技术、调制和信息传输技术;高性能、小型化和低成本的自适应阵列智能天线;大容量、低成本的无线接口和光接口;系统管理资源;软件无线电、网络结构协议等。第四代移动通信系统主要是以正交频分复用(OFDM)为技术核心。OFDM 技术的特点是网络结构高度可扩展,具有良好的抗噪声性能和抗多信道干扰能力,可以提供无线数据技术质量更高(速率高、时延小)的服务和更好的性能价格比,能为 4G 无线网提供更好的方案。例如无线区域环路(WLL)、数字音讯广播(DAB)等,预计都采用 OFDM 技术。4G 移动通信对加速增长的广带无线连接的要求提供技术上的回应,对跨越公众的和专用的、室内和室外的多种无线系统和网络保证提供无缝的服务。通过对最适合的可用网络提供用户所需求的最佳服务,能应付基于因特网通信所期望的增长,增添新的频段,使频谱资源大扩展,提供不同类型的通信接口,运用路由技术为主的网络架构,以傅利叶变换来发展硬件架构实现第四代网络架构。移动通信会向数据化,高速化、宽带化、频段更高化方向发展,移动数据、移动 IP 预计会成为未来移动网的主流业务。

(5)4G 移动通信关键技术。4G 移动系统主要包含 OFDM 技术、SA 技术、SOR 技术、IPv6 技术、多用户检测技术和 MIMO 技术等关键技术:

1)OFDM 技术。4G 移动通信系统主要以 OFDM 技术为核心,OFDM 技术是正交频分复用技术的简称，它主要的技术功能是将信道分成若干个正交子信道，再将高速数据信号转化成低速子数据流，这样低速子数据流就可以在每个子信道上进行传输了。OFDM 技术本质是多载波调制技术之一。图 8-2 所示为 OFDM 系统框图。

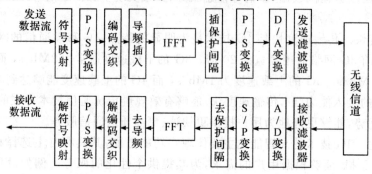

图 8-2　OFDM 系统

OFDM 技术日益受到通信领域专家学者的关注，主要是因为 OFDM 技术拥有以下优势：

①FDM 技术对频谱的利用率比较高，它的频谱效率相当于串行系统的 2 倍，由于 OFDM 信号的相邻子载波形成重叠，由此，频谱利用率几乎可以达到极限；另外，OFDM 技术具有较强的抗衰落能力，利用 OFDM 技术可以将用户信息置于不同子载波进行网络传输，使子载波信号与相同速率的单载波信号时间长，通过对多子载波的传输，增强了对脉冲噪声的抵抗，另外，也减弱了通信信道的衰落的能力。

②OFDM 技术的传输速度比较快，适用于高速数据的传输，因为它采用的是自适应的调制机制，可以使多路子载波根据自己所在信道的实际情况选择不同的调制方式，使调制方式、信道和加载算法都发生了变化，当传输信道情况良好时，可以采用高效率的信号调制方式；当传输信道情况较差时，可以选择抗干扰、抗噪声能力强的信号调制方式。从而提高了信息的传输速率。最后，OFDM 技术的对于码间的抗干扰能力也比较强，它采用的是循环前缀的方式来对抗码间干扰。

2）SA（智能天线）技术。4G 移动通信的智能天线技术选择的是 SDMA 技术（空时多址技术），利用不同信号在传输信道上传输方向不同的差异性，将频率相同、时隙相同和码道相同的传输信号进行区分，改变传输信号的覆盖范围，以主波束与用户相对，零陷与干扰信号方向相对，实现环境变化的自动监测，为终端用户提供优质的传输信号，真正消除和抑制干扰噪声信号。通过智能天线技术可以有效改善信号质量，增加数据传输容量。

3）SOR（软件无线电）技术。SOR 技术也叫软件无线电技术，在 4G 移动通信系统中，如果想要实现用户在任何环境下可以随时接入无线网络的通信方式，必须保证用户移动通信终端接口可以适应不同类型的无线网络接口，才能使用户在不同网络环境下进行业务切换、实现无缝漫游。由此可见，在 4G 移动通信系统中，软件应用程序将会越来越复杂，通信领域专家提出利用软件无线电技术，软件无线电技术是近几年来的新型技术，是以数字信号处理为技术核心，以无线电微电子技术作为技术支撑。通过微型电子技术来建立开放的平台，从而使得 4G 移动通信技术的升级变得更加快捷与方便，并为 4G 移动通信技术的发展构建了一个标准化、开放性的硬件平台，这个平台可以由多方运营介入。

软件无线电技术属于一种开放式结构的技术，它利用通用硬件平台，将标准化和模块化的硬件功能单元在经过这个平台，在软件加载方式的帮助下，从而完成各类无线电通信任务。利用模块化集居结构,利用适当的方法来进行编程,各先进模块能够与射频天线的要求无限的接近。软件无线电技术应用中,其具有非常好的适应性和灵活性,主要涉及 DSPH、FPGA、DSP等,可以对多种接口方式的基站和多模式手机的连接起到较好的支持作用,对多种系统和标准进行顺利融合,在 4G 移动通信系统中应用范围非常广泛,特别是以软件无线电技术作为技术基础的基站,可以实现多个网络间的同时服务。软件无线电技术概念的提出受到了移动通信领域专家的关注,其内在的市场价值更是受到了通信运营商的广泛关注。

4)IPv6 技术。在当前 4G 移动通信系统中,其核心网络则是一个基于全 IP 的网络,这样不仅能够更好地确保各端点之间 IP 业务传输能够得以较好的完成,而且可以与存在的 PSTN 和核心网共存,具有非常好的兼容性。不仅各接口能够实现与核心网进行连接,而且核心网可以将业务、控制和传输等分开,而且所采用的无线接入方式和协调与核心网络协议、链路层属于分离独立的状态,主要采用全分组方式 IPV6 技术,网络具有集成的特点,成本较低,而且不同网络之间能够实现无缝连接。

IPv6 技术的网络地址的空间比较大,以便于给所有的通信网络的设备都提供一个唯一的地址,它能够实现自动配置,并且获得一个唯一的路由地址;它的服务质量要比普通的 IPv6 技术高得多,而且容易形成服务级别较高的系统;IPv6 技术的移动性特别强,采用 IPv6 技术的通信设备在位置变化时,通信质量也不会发生太大的变化,这样就保证了移动通信设备的服务质量。

5)多用户检测技术。4G 移动通信系统用户终端和信号基站都需要利用多用户检测技术来提高移动通信系统容量。多用户检测技术的思想理念是:将同一时间内占用传输信道的全部用户的信号均作为有用信号,再将其作为噪声干扰进行处理,利用各种信息技术对有用信号进行处理,实现对多用户信号的联合检测。多用户信号检测技术是基于传统信号检测技术之上实现的,利用造成噪声干扰的用户信号实施检测,以此降低移动通信系统对于功率控制准确度的要求,有效利用传输信道的信息资源,扩充系统数据容量。

6)MIMO 技术。MIMO 技术采用分立式多天线技术,以此实现空间分集,将一个网络通信链路分解成为多个并行的通信子信道,从而提高网络带宽的数据容量。信息理论已经证明,当不同的接收天线和发射天线之间没有关联关系时,MIMO 技术可以提高移动通信系统的抗干扰、抗噪声和抗衰落能力,以此获得巨大的数据传输容量。在无线网络传输信道中,利用 MIMO 技术可以提高数据传输速率、扩充传输容量。

(6)4G 移动通信安全问题。我国的 4G 网络已经投入使用且运行的比较稳定,但在 4G 技术产生初期就预期到会有安全问题的存在,因为 4G 技术依赖于无线网络,那么就肯定会出现与无线网络相关的安全问题。

1)无线或有线链路上存在的安全问题。有线链路网络和无线网络共同构成了我们生活中所使用的网络系统,在 Internet 和无线网络快速进步的今天,他们紧密地结合在一起,都为 4G 移动通信提供支持和服务,复杂的 4G 移动通信技术在使用的过程中存在着很多的风险,无线和有线网络也同样在众多的安全威胁下提供着服务,主要表现为:①移动性无线终端设备会在移动的过程中享受不同子网络的服务,不是固定于某一个网络下。②容错性减少因无线网络结构不同而造成的差乱③多计费:在无线网络使用过程中均是通过运营商来实现对接的,然而有些网络运营商通过网络随意加收客户的使用费用等等。④安全性攻击者的窃听、篡改、插入或删除链路上的数据。

2) 动终端存在的安全问题。4G 网络逐渐的已投入使用,用户们通过 4G 移动终端实现相互间的交流也更为密切恶意软件及病毒也随着交流而流窜,使得它们的破坏力度和范围都有所扩大,使得移动终端系统遭受严重打击,甚至有关机或失灵等现象的出现。

3) 网络实体上存在的安全问题。网络实体身份认证问题,包括接入网和核心网中的实体、无线 LAD 中的 AP 和认证服务器等。主要存在的安全威胁:①目前的网络攻击者利用多种手段,类型也是多样化,让网上用户防不胜防。但他们多半都有一个共同特点就是扮演合法用户使用网络服务这样一来,网络监管方面也无法察觉用户这边更是没有任何戒备,使得他们有很大的机会接近用户并进行各种骚扰和不良信息的发布。②无线网相对于宽带而言,它的接口数品有限而且信号不稳定,容易受其他因素的干扰这也就为攻击者提供了一个进入的漏洞,安全隐患的可能性也随之大大增强。③目前的搜索功能可谓是越来越强大 尤其是"人肉搜索",让用户的个人隐私等一再受到侵犯,这些攻击者一般都具有良好的计算机技术水平,对网络系统的运行了如指掌,很容易非法窃取用户信息,并展开下 一步的追踪。④网络用户不肯承认他们使用的服务和资源,使进一步网络实体的认证增加了难度。

为解决这些安全问题,我们需要采取 4G 通信安全措施:

1) 要建立适合未来移动通信系统的安全体系机制。主要有:①可协商机制:移动终端和无线网络能够自行协商安全协议和算法。②可配置机制:合法用户可配置移动终端的安全防护措施选项。③多策略机制:针对不同的应用场景提供不同的安全防护措施。④混合策略机制:结合不同的安全机制:如将公钥和私钥体制相结合、生物密码和数字口令相结合。一方面,以公钥保障系统的可扩展性,进而支撑兼容性和用户的可移动性。

2) 对于无线接入网,一般可采取的安全措施:①安全接入。无线接入网通过自身安全策略或辅助安全设备提供对可信移动终端的安全接入功能。防止非可信移动终端接入无线接入网络。②安全传输。移动终端与无线接入网能够选择建立加密传输通道,根据业务需求,从无线接入网、用户侧均能自主设置数据传输方式。③身份认证。在移动终端要接入无线网络之前要通过一个可靠的中间机构的认证,确保双方身份的真实性和可靠性。④访问控制。无线接入网可通过物理地址过滤、端口访问控制等技术措施进行细粒度访问控制策略设置。⑤安全数据过滤。在多媒体等应用领域,都可以通过数据过滤技术对想要接入到网络中的非法数据进行拦截,阻止其进入到内部系统及核心网络,实现无线网络的安全性。

3) 我们需要提高效率。网络终端的运行效率的提升,最主要就是减少信息量的流通,减少客户端的工作量,不使计算机长期处于超负荷的工作状态中,尽量减少时间的拖延,那么安全协议当中交互的信息量的数额的限定对提高网络运行效率就有一定帮助。

3. 移动通信发展趋势——5G 移动通信技术

随着移动通信技术的快速发展,世界大部分地区已经进入移动互联时代,4G 技术已经成熟,各大运营商已经开始大力推广 4G。2013 年开始,世界范围内开始进行 5G 的探索,2014年,很多国家把新一代通信系统的研发提升到国家战略高度。2013 年初,欧盟启动了 METIS (mobileandwirelesscommunicationsenablersforthe2020informationsociety)项目,正式开始 5G 的研发,该项目由包括华为在内的 29 个参与方共同研发。韩国成立了 5G 技术论坛。我国在2013 年 6 月和 2014 年 3 月启动了 5G 的一期、二期课题,这两个课题都属于国家的 863 计划。各个国家希望在 2015 年世界无线电大会前后就 5G 的频段、关键技术指标、应用需求和发展愿景达成共识,目前正就这些问题进行广泛的研讨。有望在 2016 年启动 5G 技术的标准化进程。

5G,也就是第五代移动通信系统,是为了满足 2020 年后人们对移动通信的需求而提出的。根据以往的移动通信发展规律,5G 跟 4G 相比,频谱利用率和能效将更高,资源利用率和传输速率将比 4G 提高一个量级,系统安全、传输时延、用户体验和无线覆盖等都将显著改善。5G 通信将构成一个无所不在的通信网络,满足未来流量增加 1000 倍的需求。未来的 5G 系统将具有更加智能化,可以网络自感知、自调整等特点。专业的人士估计,5G 将在三个维度上进行网络业务能力提升:①通过新技术,资源利用率要比 4G 至少提升 10 倍。②利用新的体系结构,使得整个系统吞吐率提高 25 倍。③开发高频段、毫米波和可见光等频率资源,使得频率资源扩大 4 倍左右。

5G 无线基站将采用毫米级微波进行建设,同时承载海量数据和海量连接数,所以未来 5G 基站的密度将会更加稠密,更加贴近用户。在人口稀疏的区域将会以宏基站建设为主,主要保证网络覆盖质量。在人口稠密区将会以现有 4G 基站为基础,在周边以射频拉远的方式进行密集布点。以 20000 人／km^2 的人口密度估算 5G 基站的最小站间距为 126 m。所以未来 5G 无线基站在人口密集区将采用超密集组网的方式来进行建设。

未来的 5G 网络架构包括接入云、控制云和转发云三个域。接入云支持多种无线制式的接入,融合集中式和分布式两种无线接入网架构,适应各种类型的回传链路,实现更灵活的组网部署和更高效的无线资源管理。5G 的网络控制功能和数据转发功能将解耦,形成集中统一的控制云和灵活高效的转发云。控制云实现局部和全局的会话控制、移动性管理和服务质量保证,并构建面向业务的网络能力开放接口,从而满足业务的差异化需求并提升业务的部署效率。转发云基于通用的硬件平台,在控制云高效的网络控制和资源调度下,实现海量业务数据流的高可靠、低时延、均负载的高效传输。

面向未来,移动互联网和物联网业务将成为通信发展的主要驱动力。5G 网络将会满足人们在各种场景下的多样化业务需求,即便在密集住宅区、CBD、体育场馆、地铁、高铁等具有超高流量密度、超高连接密度、超快移动速度的移动场景下,也可以为用户提供超高清视频、在线游戏、虚拟现实等极致业务体验。

此外,5G 网络还将渗透到各个行业中,与工业、农业和旅游业进行深度融合,实现万物互联。

5G 网络将面临未来多样化场景下的多业务接入的挑战,不同场景面临的挑战不同,但主要的挑战指标有以下几项:用户体验速率、流量密度、时延、功耗、连接数。主要技术场景可归纳为四个:连续广域覆盖、热点高容量、低功耗大连接、低时延高可靠。其中连续广域覆盖和热点高容量场景也是现有移动通信网络所要应对的场景;低功耗大链接场景主要面向智慧城市、智慧农业、环境监测、智能家居等以数据采集和传感为目标的应用场景。具有小数据包、低功耗、海量连接等特点;低时延高可靠场景主要面向车联网、工业控制等垂直行业的特殊应用需求,这类场景对时延性和可靠性有很高的要求。在各种场景下,5G 网络面临着不同的挑战。

信息技术现在正处于变革时期,日新月异,5G 技术将会有以下特点:

1)移动互联网更注重的就是用户体验,5G 通信系统在技术创新的同时,将更加注重对虚拟现实、传输时延、交互游戏、3D 等业务的支持。这些也是运营商抓住用户的关键,是衡量 5G 系统性能的关键指标。

2)5G 通信将突破传统移动通信的理念,将点到点的物理层传输和信道编译码扩展到多点、多用户、多天线、多小区协作组网。寻求大幅提升性能的方式。

3）现在室内移动通信已经占据应用重要位置，5G 将大幅优化室内无线覆盖性能。改变过去的"以大范围覆盖为主，兼顾室内"的理念。使得用户使用体验更加完美。

4）现在我们主要使用的是低频段频谱资源，5G 通信将更多的使用高频资源。过去由于高频段无线电穿透能力比较弱，所以没有被使用。5G 将通过无线与有线的融合，光载无线组网等技术解决这一限制，获得更多的频谱资源。

5）传统的无线网络由于配置固定，导致很多网络资源无法充分利用，造成浪费。5G 将采用可"软"配置。运营商可以根据流量的动态变化来调整资源配置。这样既避免了资源浪费，又节约了网络运营成本。

随着移动互联网发展，移动端的业务需求也急剧增加，对无线网络技术和传输技术都有很高的要求。在无线网络方面，网络架构和组网技术将会更加灵活，更加智能。网络架构会采用控制与转发分离的软件来控制，会使用统一的自组网和异构超密部署等技术。将在无线传输方面引入能进一步挖掘频谱效率提升潜力等技术，如先进的多址接入技术、多天线技术、编码调制技术、新的波形设计技术等。

超高效的无线传输技术和高密度的无线网络技术是 5G 通信系统的标志性技术，这两方面的技术是实现 5G 需求的关键。其中 MIMO 无线传输技术是传输技术的关键，大规模的使用有可能使频谱效率和功率效率比 4G 提高一个量级。目前该技术的问题是高维度信道建模与估计以及复杂度控制。全双工技术会提高移动通信的频谱利用率。而超密集网络也是 5G 研究者关注的重点，而网络协同与干扰管理是其实现的关键。

通信系统体系结构的变革将是 5G 发展的方向。扁平化 SAE/LTE 体系结构促进了移动通信系统与互联网的高度融合，这是现代移动系统的特点。未来移动通信的代表则是智能化、高密度和可编程。我们还可以通过把内容分发网络（CDN）向核心网络边缘部署来减少网络访问路由的负荷，大幅提高移动用户的体验。

按照移动通信的发展规律，5G 技术将在 2020 年之后实现商用，其基本发展目标是满足未来移动互联网业务飞速增长的需求，并为用户带来新的业务体验。5G 技术的研究尚处于初期阶段，今后几年将是确定其技术需求、关键指标和使能技术的关键时期。

在 5G 研发的全世界的竞争中，我国和别的国家的基础是一样的，但是当前获得的成绩还是非常不足的。特别是我国在重要技术的掌握、技术融合的 突破方面还面对非常多的挑战。所以，我们应该合理利用目前的资源，提高竞争力，抓住良好的机会，在 5G 领域发展壮大。

因此，应该理性地看待当前的形势。目前，我们在重要技术方面的研究还处在非常不利的地位，因此，我们在努力赶超的同时，应该主动向技术先进的国家学习，抓住机遇，进行合作，在合作的过程中提升自己的竞争力。第二，重视以企业为主体的技术研发体系的建立。政府应该制定该行业的相关法律，确保创新主体的利益，减少风险，保护科研成果。政府应该在资金上支持研发单位，并强化与高校的合作，合理利用高校人才。第三，强化合作，在合作中提高竞争力。5G 移动通信是一个非常大的体系，强化合作可以促进以后的发展。中国应该把市场打开，强化与外国的合作。在研发的环节也应该强化和研发单位的合作，这样可以促进整个系统的研发的速度。第四，保护知识产权。知识产权是一个非常值得重视的问题，我们应该在政府的指导下，重视企业在 5G 研发过程中的关键作用，促进自主知识产权标准化的进程。

4. 总结

回顾我国的移动通信发展史，自 1987 年广东省开通我国第 1 个模拟移动通信网以来，我国移动通信的市场便以始料不及的速度发展壮大。经历 10 多年的发展后，第 2 代(2G)的数字移动通信网取代了模拟移动通信网，并由最初单纯的语音通信转移到提供语音、图像、文字等综合信息的传输，并能无线接入因特网。2009 年开始的 3G 时代，使我们过上了真正意义上的"移动"生活，实现了随时随地的高速上网，3G 拥有更宽的带宽，其传输速度最低为 384K，最高为 2M，带宽可达 5MHz 以上。不仅能传输话音，还能传输数据，从而提供快捷、方便的无线应用，如无线接入 Internet，能够实现高速数据传输和宽带多媒体服务是第三代移动通信的一个主要特点。2013 年 12 月，我国第四代移动通信(4G)牌照发放，4G 技术正式走向商用。4G 是集 3G 与 WLAN 于一体，并能够传输高质量视频图像，它的图像传输质量与高清晰度电视不相上下。4G 在上网速度上则有颠覆性的提升，真正实现了移动高速上网，不受固定宽带上网地点的限制，满足第三代移动通信尚不能达到的在覆盖、质量、造价上支持的高速数据和高分辨率多媒体服务的需要。

与此同时，面向下一代移动通信需求的第五代移动通信(5G)的研发也早已在世界范围内如火如荼地展开。5G 是未来十年的发展方向，在 2020 年以后将成为第五代的移动通信系统。根据以往的移动通信技术发展的规律分析，5G 应具有超高的频谱利用率及利用能效，在传输速率和资源的利用效率方面，将比现今的 4G 技术有一个高度和质的提升，在其无线信号的覆盖性能、传输时效、通信安全及用户体验方面也将会有明显的提高和进步。5G 技术的研究尚处于初期阶段，今后几年将是确定其技术需求、关键指标和使能技术的关键时期。

第九章　网络安全与管理

计算机网络的广泛应用,促进了社会的进步和繁荣,并为人类社会创造了巨大财富。但由于计算机及其网络自身的脆弱性以及人为的攻击破坏,也给社会带来了损失。因此,网络安全已成为重要研究课题。

9.1　网络安全技术

随着计算机网络技术的发展,网络的安全性和可靠性成为各层用户所共同关心的问题。人们都希望自己的网络能够更加可靠地运行,不受外来入侵者的干扰和破坏,所以解决好网络的安全性和可靠性,是保证网络正常运行的前提和保障。

1. 网络安全的基本概念

(1)网络安全要求。网络安全,是指网络系统的硬件、软件及其系统中的数据受到保护,不受偶然或者恶意的攻击而遭到破坏、更改、泄露,系统连续可靠正常地运行,网络服务不会中断。

(2)网络安全威胁。一般认为,黑客攻击、计算机病毒和拒绝服务攻击等 3 个方面是计算机网络系统受到的主要威胁。

黑客使用专用工具和采取各种入侵手段非法进入网络、攻击网络,并非法使用网络资源。计算机病毒侵入网络,对网络资源进行破坏,使网络不能正常工作,甚至造成整个网络的瘫痪。攻击者在短时间内发送大量的访问请求,而导致目标服务器资源枯竭,不能提供正常的服务。

(3)网路安全漏洞。网络安全漏洞实际上是给不法分子以可乘之机的"通道",大致可分为以下三方面。

1)网络的漏洞。包括网络传输时对协议的信任以及网络传输漏洞,比如 IP 欺骗和信息腐蚀就是利用网络传输时对 IP 和 DNS 的信任。

2)服务器的漏洞。利用服务进程的 bug 和配置错误,任何向外提供服务的主机都有可能被攻击。这些漏洞常被用来获取对系统的访问权。

3)操作系统的漏洞。Windows 和 UNIX 操作系统都存在许多安全漏洞,如 Internet 蠕虫事件就是由 UNIX 的安全漏洞引发的。

(4)网络安全攻击。要保证运行在网络环境中的信息安全,首先要解决的问题是如何防止网络被攻击。根据 Steve Kent 提出的方法,网络安全攻击可分为被动攻击和主动攻击两大类。被动攻击不修改信息内容,所以非常难以检测,因此防护方法重点是加密。主动攻击是对数据流进行破坏、篡改或产生一个虚假的数据流。

(5)网络安全破坏。网络安全破坏的技术手段是多种多样的,了解最通常的破坏手段,有利于加强技术防患。

1)中断(Interruption)：中断是对可利用性的威胁。例如破坏信息存储硬件、切断通信线路、侵犯文件管理系统等。

2)窃取(Interception)：入侵者窃取信息资源是对保密性的威胁。入侵者窃取线路上传送的数据，或非法拷贝文件和程序等。

3)篡改(Modification)：篡改是对数据完整性的威胁。例如改变文件中的数据、改变程序功能、修改网上传送的报文等。

4)假冒(Fabrication)：入侵者在系统中加入伪造的内容，如向网络用户发送虚假的消息、在文件中插入伪造的记录等。

2. 网络安全措施

在网络设计和运行中应考虑一些必要的安全措施，以便使网络得以正常运行。网络的安全措施主要从物理安全、访问控制、传输安全和网络安全管理等四方面进行考虑。

(1)物理安全措施。物理安全性包括机房的安全、所有网络的网络设备(包括服务器、工作站、通信线路、路由器、网桥、磁盘、打印机等)的安全以及防火、防水、防盗、防雷等。网络物理安全性除了在系统设计中需要考虑之外，还要在网络管理制度中分析物理安全性可能出现的问题及相应的保护措施。

(2)访问控制措施。访问控制措施的主要任务是保证网络资源不被非法使用和非常规访问。其包括以下 8 个方面。

1)入网访问控制：控制哪些用户能够登录并获取网络资源，控制准许用户入网的时间和入网的范围。

2)网络的权限控制：是针对网络非法操作所提出的一种安全保护措施，用户和用户组被授予一定的权限。

3)目录级安全控制：通过设置系统管理权限、读权限、写权限、创建权限、删除权限、修改权限、文件查找权限和存取控制权限等 8 种权限头控制。

4)属性安全控制：网络管理员给文件、目录等指定访问属性，将给定的属性与网络服务器的文件、目录和网络设备联系起来。

5)网络服务器安全控制：包括设置口令锁定服务器控制台，设定登录时间限制、非法访问者检测和关闭的时间间隔等。

6)网络检测和锁定控制：网络管理员对网络实施监控，服务器应记录用户对网络资源的访问，对于非法访问应报警。

7)网络端口和节点的安全控制：网络服务器端口使用自动回呼设备、静默调制解调器加以保护，并以加密形式识别节点的身份。

8)防火墙控制：防火墙成为互联网上的首要安全技术，是设置在网络与外部之间的一道屏障。

(3)传输安全措施。

1)建立物理安全的传输媒介。

2)对传输数据进行加密：保密数据在进行数据通信时应加密，包括链路加密和端到端加密。

(4)网络安全管理措施。除了技术措施外，加强网络的安全管理，制定相关配套的规章制度、确定安全管理等级、明确安全管理范围、采取系统维护方法和应急措施等，对网络安全、可靠地运行,将起到很重要的作用。实际上,网络安全策略是一个综合,要从可用性、实用性、完整性、可靠性和保密性等方面综合考虑,才能得到有效的安全策略。

9.2 数据加密与数字认证

数据加密和数字认证是网络信息安全的核心技术。其中,数据加密是保护数据免遭攻击的一种主要方法;数字认证是解决网络通信过程中双方身份的认可,以防止各种敌手对信息进行篡改的一种重要技术。

数据加密和数字认证的联合使用,是确保信息安全的有效措施。

1.数据加密概念

(1)密码学与密码技术。计算机密码学是研究计算机信息加密、解密及其变换的新兴科学,密码技术是密码学的具体实现,它包括4个方面:保密(机密)、消息验证、消息完整和不可否认性。

(2)加密和解密。密码技术包括数据加密和解密两部分。加密是把需要加密的报文按照以密码钥匙(简称密钥)为参数的函数进行转换,产生密码文件;解密是按照密钥参数进行解密,还原成原文件。数据加密和解密过程是在信源发出与进入通信之间进行加密,经过信道传输,到信宿接收时进行解密,以实现数据通信保密。数据加密和解密过程如图9-1所示。

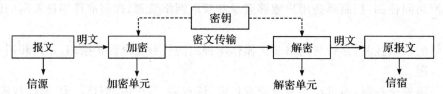

图9-1 数据加密和解密过程

(3)密钥体系。加密和解密是通过密钥来实现的。如果把密钥作为加密体系标准,则可将密码系统分为单钥密码(又称对称密码或私钥密码)体系和双钥密码(又称非对称密码或公钥密码)体系。

在单钥密码体制下,加密密钥和解密密钥是一样的。在这种情况下,由于加密和解密使用同一密钥(密钥经密钥信道传给对方),所以密码体制的安全完全取决于密钥的安全。

双钥密码体制是1976年W. Diffie和M. E. Heilinan提出的一种新型密码体制。1977年Rivest,Shamir和Adleman提出RSA密码体制。在双钥密码体制下,加密密钥与解密密钥是不同的,它不需要安全信道来传送密钥,可以公开加密密钥,仅需保密解密密钥。

2.传统加密方法

(1)代换密码法。

1)单字母加密方法:是用一个字母代替另一个字母,它把A变成E,B变成F,C变为G,D变为H。

2)多字母加密方法:密钥是简短且便于记忆的词组。

(2)转换密码法。保持明文的次序,而把明文字符隐藏起来。转换密码法不是隐藏它们,而是靠重新安排字母的次序。

(3)变位加密法。把明文中的字母重新排列,字母本身不变,但位置变了。常见的有简单变位法、列变位法和矩阵变位法。

（4）一次性密码簿加密法。就是用一页上的代码来加密一些词,再用另一页上的代码加密另一些词,直到全部的明文都被加密。

3.现代加密方法

（1）DES加密算法。DES加密算法是一种通用的现代加密方法,该标准是在56位密钥控制下,将每64位为一个单元的明文变成64位的密码。采用多层次复杂数据函数替换算法,使密码被破译的可能性几乎没有。

（2）IDEA加密算法。相对于DES的56位密钥,它使用128位的密钥,每次加密一个64位的块。这个算法被加强以防止一种特殊类型的攻击,称为微分密码密钥。

IDEA的特点是用了混乱和扩散等操作,主要有三种运算:异或、模加、模乘,并且容易用软件和硬件来实现。IDEA算法被认为是现今最好的、最安全的分组密码算法,该算法可用于加密和解密。

（3）RSA公开密钥算法。RSA是迄今为止最著名、最完善、使用最广泛的一种公匙密码体制。RSA算法的要点在于它可以产生一对密钥,一个人可以用密钥对中的一个加密消息,另一个人则可以用密钥对中的另一个解密消息。任何人都无法通过公匙确定私匙,只有密钥对中的另一把可以解密消息。

（4）Hash－MD5加密算法。Hash函数又名信息摘要(Message Digest)函数,是基于因子分解或离散对数问题的函数,可将任意长度的信息浓缩为较短的固定长度的数据。这组数据能够反映源信息的特征,因此又可称为信息指纹(Message Fingerprint)。Hash函数具有很好的密码学性质,且满足Hash函数的单向、无碰撞基本要求。

（5）量子加密系统。量子加密系统是加密技术的新突破。量子加密法的先进之处在于这种方法依赖的是量子力学定律。传输的光量子只允许有一个接收者,如果有人窃听,窃听动作将会对通信系统造成干扰。通信系统一旦发现有人窃听,随即结束通信,生成新的密钥。

4.破密方法

（1）密钥穷尽搜索。就是尝试所有可能的密钥组合,虽然这种密钥尝试通常是失败的,但最终总会有一个密钥让破译者得到原文。

（2）密码分析。密码分析是在不知密钥的情况下利用数学方法破译密文或找到秘密密钥。常见的密码分析有如下两种:

1)已知明文的破译方法:是当密码分析员掌握了一段明文和对应的密文,目的是发现加密的密钥。在实际应用中,获得某些密文所对应的明文是可能的。

2)选定明文的破译方法:密码分析员设法让对手加密一段分析员选定的明文,并获得加密后的结果,以获得确定加密的密钥。

（3）防止密码破译的措施。为了防止密码破译,可以采取一些相应的技术措施。目前通常采用的技术措施以下3种。

1)好的加密算法:一个好的加密算法往往只有用穷举法才能得到密钥,所以只要密钥足够长就会比较安全。20世纪七八十年代密钥长通常为48~64位,90年代,由于发达国家不准许出口64位加密产品,所以国内大力研制128位产品。

2)保护关键密钥(KCK:KEY CNCRYPTION KEY)。

3)动态会话密钥：每次会话的密钥不同。

动态或定期变换会话密钥是有好处的，因为这些密钥是用来加密会话密钥的，一旦泄漏，被他人窃取重要信息，将引起灾难性的后果。

5.数字认证

数字认证是一种安全防护技术，它既可用于对用户身份进行确认和鉴别，也可对信息的真实可靠性进行确认和鉴别，以防止冒充、抵赖、伪造、篡改等问题。数字认证技术包括数字签名、数字时间戳、数字证书和认证中心等。

(1)数字签名。"数字签名"是数字认证技术中其中最常用的认证技术。在日常工作和生活中，人们对书信或文件的验收是根据亲笔签名或盖章来证实接收者的真实身份。在书面文件上签名有两个作用：一是因为自己的签名难以否认，从而确定了文件已签署这一事实；二是因为签名不易伪冒，从而确定了文件是真实的这一事实。但是，在计算机网络中传送的报文又如何签名盖章呢，这就是数字签名所要解决的问题。

在网络传输中如果发送方和接收方的加密、解密处理两者的信息一致，则说明发送的信息原文在传送过程中没有被破坏或篡改，从而得到准确的原文。

(2)数字时间戳(DTS)。在电子交易中，同样需要对交易文件的日期和时间信息采取安全措施，数字时间戳就是为电子文件发表的时间提供安全保护和证明的。DTS是网上安全服务项目，由专门的机构提供。数字时间戳是一个加密后形成的凭证文档，它包括需要加时间戳的文件的摘要；DTS机构收到文件的日期和时间以及DTA机构的数字签名三部分。

数字时间戳的产生过程：用户首先将需要加时间戳的文件用HASH编码加密形成摘要，然后将这个摘要发送到DTS机构，DTS机构在加入了收到文件摘要的日期和时间信息后，再对这个文件加密(数字签名)，然后发送给用户。

(3)数字证书。数字认证从某个功能上来说很像是密码，是用来证实你的身份或对网络资源访问的权限等可出示的一个凭证。数字证书包括：

1)客户证书：以证明他(她)在网上的有效身份。该证书一般是由金融机构进行数字签名发放的，不能被其他第三方所更改。

2)商家证书：是由收单银行批准、由金融机构颁发、对商家是否具有信用卡支付交易资格的一个证明。

3)网关证书：通常由收单银行或其他负责进行认证和收款的机构持有。客户对账号等信息加密的密码由网关证书提供。

4)CA系统证书：是各级各类发放数字证书的机构所持有的数字证书，即用来证明他们有权发放数字证书的证书。

(4)认证中心(CA)。认证中心是承担网上安全电子交易认证服务、签发数字证书并能确认用户身份的服务机构。它的主要任务是受理数字凭证的申请，签发数字证书及对数字证书进行管理。

CA认证体系由根CA、品牌CA、地方CA以及持卡人CA、商家CA、支付网关CA等不同层次构成，上一级CA负责下一级CA数字证书的申请签发及管理工作。

9.3　防火墙技术

1.防火墙的基本概念

(1)什么是防火墙。为了防止病毒和黑客,可在该网络和 Internet 之间插入一个中介系统,竖起一道用来阻断来自外部通过网络对本网络的威胁和入侵的安全屏障,其作用与古代防火砖墙有类似之处,人们把这个屏障就叫作"防火墙",其逻辑结构如图9-2所示。

图9-2　防火墙的逻辑结构

(2)防火墙的基本特性。

1)所有内部和外部网络之间传输的数据必须通过防火墙。

2)只有被授权的合法数据即防火墙系统中安全策略允许的数据可以通过防火墙。

3)防火墙本身不受各种攻击的影响。

(3)防火墙的基本准则。

1)过滤不安全服务:防火墙应封锁所有的信息流,然后对希望提供的安全服务逐项开放,把不安全的服务或可能有安全隐患的服务一律扼杀在萌芽之中。

2)过滤非法用户和访问特殊站点:防火墙允许所有用户和站点对内部网络进行访问,然后网络管理员按照 IP 地址对未授权的用户或不信任的站点进行逐项屏蔽。

2.防火墙的基本功能

(1)作为网络安全的屏障。防火墙作为阻塞点、控制点,能极大地提高一个内部网络的安全性,并通过过滤不安全的服务而降低风险。

(2)可以强化网络安全策略。通过以防火墙为中心的安全方案配置,能将所有安全软件(口令、加密、身份认证、审计等)配置在防火墙上。

(3)对网络存取和访问进行监控审计。所有的外部访问都经过防火墙时,防火墙就能记录下这些访问,为网络使用情况提供统计数据。当发生可疑信息时防火墙能发出报警,并提供网络是否受到监测和攻击的详细信息。

(4)可以防止内部信息的外泄。利用防火墙可以实现内部网重点网段的隔离,从而限制了局部重点或敏感网络安全问题对全局网络造成的影响。

3.防火墙的基本类型

(1)网络级防火墙(Network Gateway)。网络级防火墙主要用来防止整个网络出现外来非法的入侵。

(2)应用级防火墙(Application Gateway)。这种类型的防火墙被网络安全专家和媒体公认为是最安全的防火墙。它的核心技术就是代理服务器技术。在外部网络向内部网络申请服务时发挥了中间转接的作用。代理防火墙的最大缺点是速度相对比较慢。

（3）电路级防火墙（Gateway）。电路级防火墙也称电路层网关，是一个具有特殊功能的防火墙。电路级网关只依赖于 TCP 连接，并不进行任何附加的包处理或过滤。与应用级防火墙相似，电路级防火墙也是代理服务器，只是它不需要用户配备专门的代理客户应用程序。另外，电路级防火墙在客户与服务器间创建了一条电路，双方应用程序都不知道有关代理服务的信息。

（4）状态监测防火墙（Statefuinspection Gateway）。状态检测是比包过滤更为有效的安全控制方法。对新建的应用连接，状态检测检查预先设置的安全规则，允许符合规则的连接通过，并在内存中记录下该连接的相关信息，生成状态表。对该连接的后续数据包，只要符合状态表就可以通过。

4.防火墙的基本结构

（1）双宿主机网关（Dual Homed Gateway）。双宿主机网关是用一台装有两个网络适配器的双宿主机做防火墙，其中一个是网卡，与内网相连；另一个可以是网卡、调制解调器或 ISDN 卡。双宿主机网关的弱点是一旦入侵者攻入堡垒主机并使其具有路由功能，则外网用户均可自由访问内网。

（2）屏蔽主机网关（Screened Host Gateway）。

1）单宿堡垒主机：是屏蔽主机网关的一种简单形式，单宿堡垒主机只有一个网卡，并与内部网络连接。通常在路由器上设立过滤规则，并使这个单宿堡垒主机成为可以从 Internet 上访问的唯一主机。而 Intranet 内部的客户机，可以受控地通过屏蔽主机和路由器访问 Internet。

2）双宿堡垒主机：是屏蔽主机网关的另一种形式，与单宿堡垒主机相比，双宿堡垒主机有两块网卡，一块连接内部网络，一块连接路由器。双宿堡垒主机在应用层提供代理服务比单宿堡垒主机更加安全。

（3）屏蔽子网（Screened Subnet Gateway）。屏蔽子网是在内部网络与外部网络之间建立一个起隔离作用的子网。内部网络和外部网络均可访问屏蔽子网，它们不能直接通信，但可根据需要在屏蔽子网中安装堡垒主机，为内部网络和外部网络之间的互访提供代理服务。

防火墙作为一种静态的访问控制类安全产品通常使用包过滤技术来实现网络的隔离，适当配置防火墙虽然可以将非预期的访问请求屏蔽在外，但不能检查出经过它的合法流量中是否包含着恶意的入侵代码。因此，单纯的防火墙策略已经无法满足当前的需要，网络的防卫必须采用一种纵深的、多样的手段。在这种需求背景下，入侵检测系统应运而生，成为保证网络安全的第二道大门。本书将在第十二章对入侵检测算法进行详细介绍。

9.4　虚拟专用网技术

1.VPN 的基本概念

（1）什么是虚拟专用网。防火墙用来将局域网与 Internet 分隔开来，阻止来自外部网络的损坏。随着企业网应用的不断扩大，企业网的范围也不断扩大，从一个本地网络发展到一个跨地区跨城市甚至跨国家的网络,为保证区域间流通的企业信息安全,通过租用昂贵的跨地区数字专线方式建立物理上的专用网非常困难。

随着计算机网络应用技术的发展,现在可通过 Internet 提供的虚拟专用网 (VirtualPrivate Network,VPN)技术,使家庭办公、移动用户或其他用户主机可以很方便地访问企业服务器。用户就像通过专线连接一样,而感觉不到公网的存在,这种网络被称为 VPN。

VPN 是通过一个公用网络建立的一个临时、安全的连接方式,是一条穿越混乱的公用网络的安全、稳定的隧道,其目标是在不安全的公用网络上建立一个安全的专用通信网络。

VPN 的最大优点是无须租用电信部门的专用线路,而由本地 ISP 所提供的 VPN 服务所替代。因此,人们越来越关注基于 Internet 的 VPN 技术及其应用。

(2)虚拟专用网的安全性。VPN 实际上是一种服务,是企业内部网的扩展。VPN 中传输的是企事业或公司的内部信息,因此数据的安全性非常重要。VPN 保证数据的安全性主要包括以下三方面。

1)数据保密性(Confidentiality):通过数据加密来确保数据通过公网传输时外人无法看到或截获,即使被他人看到也不会泄露。

2)身份验证(Authentication):对通信实体的身份认证和信息的完整性检查,能够对于不同的用户必须授予不同的访问权限,确保数据是从正确的发送方传输来的。

3)数据完整性(Integrity):确保数据在传输过程中没有被非法改动,保持数据信息原样地到达目的地。

(3)VPN 的特点。VPN 最终用户提供类似于专用网络性能的网络服务技术,并具有以下特点。

1)安全性高:VPN 可以帮助远程用户、公司分支机构、商业伙伴同公司内部网之间建立可信的安全连接,并保证数据的安全传输。

2)降低成本:VPN 是建立在现有网络硬件设施基础上,因此可以保护用户现有的网络设施投资;大幅度地减少用户在 WAN 和远程连接上的费用;降低企业内部网络的建设成本。

3)优化管理:采用 VPN 方案可以简化网络设计和管理,加速连接新的用户和网站。同时,能够极大地提高用户网络运营和管理的灵活性。

2.VPN 的实现技术

(1)隧道技术。隧道技术是一种通过使用互联网络的基础设施在网络之间传递数据的方式,是 VPN 的核心。隧道技术是在公用网建立一条专用数据"通道",以实现点对点的连接,让来自不同数据源的网络业务经由不同的"通道"在相同的网络体系结构上传输,并且允许网络协议穿越不兼容的体系结构。

(2)加解密技术(Encryption&Decryption)。对通过公用互联网络传递的数据必须经过加密,确保网络其他未授权的用户无法读取该信息。

(3)密钥管理技术(Key Management)。密钥管理技术的主要任务是如何在公用数据网上安全地传递密钥而不被窃取。现行常用密钥管理技术可分为 SKIP 与 ISAKMP/Oakley 两种。

(4)身份认证技术(Authentication)。公用网络上有众多的使用者与设备,如何正确地辨认合法的使用者与设备,使属于本单位的人员与设备能互通,构成一个 VPN 并让未授权者无法进入系统,这就是使用者与设备身份认证技术要解决的问题。

（5）VPN 的应用平台。VPN 设备选择的标准主要取决于应用程序运行的安全级别和性能要求，而在技术方法上 VPN 是通过平台来实现的。目前 VPN 的应用平台可分为 3 种类型。

1）基于软件的 VPN：当数据连接速度较低，对性能和安全性要求不高时，利用一些软件提供的功能便可实现简单的 VPN 功能。

2）基于专用硬件平台的 VPN：当企业和用户对数据安全与通信性能要求很高时，可采用专用硬件平台实现 VPN 功能。

3）辅助硬件平台的 VPN：以现有网络设备为基础，在添加适当的 VPN 软件的情况下实现 VPN 功能。网络安全性和通信性能介于上述两者之间。

3. VPN 的安全协议

网络隧道协议有两种：一种是二层隧道协议，用于传输二层网络协议数据，以构建远程访问虚拟专用网；另一种是三层隧道协议，用于传输三层网络协议，以构建企业内部虚拟专用网和扩展的企业内部 VPN。

（1）二层隧道协议（PPTP/P2TP）。

1）PPTP：是点对点隧道协议，它是由 Microsoft 公司提出的、被嵌入到 Windows 中的、用于路由和远程服务的数据链路层协议。PPTP 用 IP 包来封装 PPP 数据帧，用简单的包过滤和域控制来实现访问控制。

2）L2TP：是第二层隧道转发协议，它是由 PPTP 和 L2F 组合而成，可用于基于 Internet 的远程拨号访问。还可以为使用 PPP 的客户端建立拨号方式的 VPN 连接。L2TP 可用于传输多种协议，如 NetBIOS 等。

（2）三层隧道协议（IPSec）。IPSec 是一组开放性协议的总称，它包括认证头（AH）、Internet 安全协会与密钥管理协议（ISAKMP）和安全封装载荷（ESP）三个子协议。IPSec 具有以下三个特性。

1）保密性：IPSec 在数据传输之前先进行加密，以确保的私有性。

2）可靠性：数据到达目标方之后进行验证，保证数据在传输过程中没有被修改或替换。

3）真实性：对主机和端点进行身份鉴别。

IPSec 有两种工作模式，即运输模式和隧道模式。在隧道模式下，IPSec 把 IP 分组封装在一个安全的数据包中，确保从一个防火墙到另一个防火墙的通信安全性。

4. VPN 的基本类型

（1）内部网 VPN（Intranet VPN）。内部网是指企业的总部与分支机构间通过公网构筑的虚拟网，它通过公用网络将一个组织的各分支机构的 LAN 连接而成的网络，即 Intranet，它是公司内部网络的扩展。

内部网 VPN 用于公司远程分支机构的 LAN 之间或公司远程分支机构的 LAN 与公司总部 LAN 之间进行互联，以便公司内部的资源共享、文件传递等，可节省 DDN 等专线所带来的高额费用。

（2）远程访问 VPN（Access VPN）。远程访问也称为拨号 VPN，是指企业员工或企业的小分支机构通过公网远程拨号的方式构筑的虚拟网，用于在远程用户或移动员工和公司内部网之间进行互联。

远程访问 VPN 的优点是可以实现"透明访问策略",即远程用户可以与主机如同在同一个 LAN 中一样自由地访问 LAN 上的资源。

(3)外联网 VPN(Extranet VPN)。外联网是指企业间发生收购、兼并或企业间的战略联盟,使不同企业网通过公网来构筑的虚拟网,用于在供应商、商业合作伙伴的 LAN 和公司的 LAN 之间进行互联。外联网 VPN 通过一个共享基础设施将客户、供应商、合作伙伴等连接到企业内部网,既可以向外提供有效的信息服务,又可以保证自身的内部网络的安全。

9.5　网络病毒防治技术

计算机病毒是由计算机黑客编写的有害程序,具有自我传播和繁殖的能力,破坏计算机的正常工作。

Internet/Intranet 的迅速发展和广泛应用给病毒提供了新的传播途径,网络将正逐渐成为病毒的第一传播途径。

Internet/Intranet 带来了两种不同的安全威胁:一种威胁来自文件下载,这些被浏览的或是通过 FTP 下载的文件中可能存在病毒;另一种威胁来自电子邮件。

网络使用的简易性和开放性使得这种威胁越来越严重。正因为如此,网络病毒的防治技术显得越来越重要。因此,网络病毒的传播、再生、发作将造成比单机病毒更大危害。

1.网络病毒的特点

计算机网络的主要特点是资源共享。那么,一旦共享资源染上病毒,网络各结点间信息的频繁传输将把病毒感染到共享的所有机器上,从而形成多种共享资源的交叉感染。在网络环境中的病毒具有感染方式多、感染速度快、清除难度大、破坏性强、激发形式多样和潜在性等六方面的特点。

2.网络病毒的类型

(1)GPI(Get Password I)病毒。GPI 病毒是由欧美地区兴起的专攻网络的一类病毒,该病毒的威力在于"自上而下",可以"逆流而上"的传播。

(2)电子邮件病毒。由于电子邮件的广泛使用,E－mail 已成为病毒传播的主要途径之一。

(3)网页病毒。网页病毒主要指 Java 及 ActiveX 病毒,它们大部分都保存在网页中,所以网页也会感染病毒。

(4)网络蠕虫程序。是一种通过间接方式复制自身的非感染型病毒,它的传播速度相当惊人,给人们带来难以弥补的损失。

3.网络病毒的防治

(1)病毒的预防。引起网络病毒感染的主要原因在于网络用户本身。因此,防范网络病毒应从两方面着手。第一,对内部网与外界进行的数据交换进行有效的控制和管理,同时坚决抵制盗版软件;第二,以网为本,多层防御,有选择地加载保护计算机网络安全的网络防病毒产品。

(2)病毒清除。可靠、有效地清除病毒,并保证数据的完整性是一件非常必要和复杂的工作。优秀的防毒软件应该不仅能够正确识别已有的病毒变种,同时也应该能够识别被病毒感染的文件。

然而,防毒软件并不是万能的,对付计算机病毒的最好方法是要积极地做好预防工作,而不能寄托于病毒工具软件。

9.6 网络管理技术

1.网络管理的基本概念

(1)网络管理的定义。网络管理是一项复杂的系统工程,它涉及以下三方面。

1)网络服务提供:是指向用户提供新的服务类型、增加网络设备、提高网络性能等。

2)网络维护:是指网络性能监控、故障报警、故障诊断、故障隔离与恢复等。

3)网络处理:是指网络线路、设备利用率、数据的采集、分析,以及提高网络利用率的各种控制。

(2)网络管理标准化。在 ISO 的 OSI-RM 的基础上,由 AT&T、英国电信等100多个著名大公司组成的 OSI/NMF(网络管理论坛)定义了 OSI 网络管理框架下的5个管理功能区域,并形成了多项协议。

2.ISO 网络管理功能域

为了实现对网络中的所有对象进行管理,OSI 定义了网络管理统一的国际性标准(5个基本功能域)。

(1)配置管理(ConfigurationManagement,CM)。配置管理是 ISO 网络管理功能域中的第一个管理模块,它具有以下4项基本功能:

1)配置信息具有自动获取功能:一个大型网络需要管理的设备很多,因此,网络管理系统应该具有配置信息自动获取的功能。

2)具有自动配置功能:通过网络管理协议标准设置配置信息、自动登录到设备进行配置的信息、修改管理性能配置信息。

3)配置一次性检查:在网络配置中,对网络正常运行影响最大的主要是路由器端口配置和路由器信息配置和检查。

4)用户操作记录功能:在配置管理中对用户操作进行记录并保存,以便管理人员随时查看用户在特定时间进行特定配置操作。

(2)性能管理(PerformanceManagement,PM)。性能管理的功能是负责监视整个网络的性能,性能管理的目标是收集和统计数据。性能管理主要包括以下内容:

1)信息收集:要实现性能管理,首先必须要从被管对象中收集与性能有关的那些数据,然后进行信息统计、分析和监测。

2)信息统计:统计被管对象与性能有关的历史数据的产生、记录和维护。

3)信息分析:分析被管的性能数据和网络线路质量,以判断是否处于正常水平,为网络进一步规划与调整提供依据。

4)信息监测:监测网络对象的性能,为每个重要的变量决定一个合适的性能阈值,超过该限值时将报警发送到网络管理系统。

(3)故障管理(FaultManagement,FM)。故障管理是在系统出现异常情况下的管理操作,找出故障的位置并进行恢复。故障管理包括以下 4 个步骤：

1）检测故障：通过检测来判断故障类型或被动接收网络上的各种事件信息，对其中的关键部分保持跟踪，并生成网络故障记录。

2）隔离故障：通过诊断、测试，识别故障根源，对根源故障进行隔离。

3）修复故障：对不严重的简单故障由网络设备进行检测、诊断和恢复；对于严重的故障，报警提醒管理者进行维修和更换。

4）记录故障监测结果：记录排除故障的步骤和与故障相关的值班员日志，构造排错行记录，以反映故障整个过程的各个方面。

（4）安全管理（SecurityManagement，SM）。安全管理模块的功能分为网络管理本身的安全和被管网络对象的安全。安全管理的功能主要包括以下四方面：

1）授权管理：分配权限给所请求的实体。

2）访问控制管理：访问控制管理：分配口令、进入或修改访问控制表和能力表。

3）安全管理：安全检查跟踪和事件处理。

4）密钥管理：进行密钥分配。

（5）计费管理（AccountingManagement，AM）。计费管理模块的功能是在有偿使用的网络上统计有哪些用户，使用何种信道，传输多少数据，访问什么资源信息，即统计不同线路和各类资源的利用情况。

计费管理的目标是提高网络资源的利用率，以便使一个或一组用户可以按规则利用网络资源。由于网络资源可以根据其能力的大小而合理地分配，这样的规则使网络故障降低到最小限度，也可以使所有用户对网络的访问更加公平。为了实现合理计费，计费管理必须和性能管理相结合。

计费管理包括：计费数据采集、数据管理与数据维护、政策比较与决策支持和数据分析与费用计算等。

第十章 无线 AdHoc 网络的 QoS 路由算法

AdHoc 网络是一种没有基础设施支持的移动无线网络,具有自组织、无中心、可快速部署、动态拓扑和多跳等特点。这些特点使它可以广泛地应用于军事战备、救灾工作、环境监测等,因而具有十分广阔的应用前景。现在,随着多媒体应用的日益普及,在移动自组网中提供 QoS 已经逐渐成为移动自组网研究的热点问题。

自组网的无线多跳特性,网络带宽资源有限,网络拓扑结构动态变化,使得在移动自组网中寻找和维护路由变得非常困难,尤其是在大规模的网络环境中寻找一条从源节点到目的节点的能满足 QoS 需求的路径更为困难,给网络研究人员带来了新的挑战。本书通过分析这一领域国内外的相关研究成果,对如何在移动 AdHoc 网络中提供 QoS 保证的路由协议展开深入的研究工作。

(1)本章介绍了 AdHoc 网络的概念、特点及应用,分析了国内外的研究现状及对这一课题研究中存在的问题。对现有 AdHoc 网络中支持 QoS 的典型的表驱动路由协议、按需驱动路由协议做了深入的研究分析。

(2)介绍了 QoS 度量参数,并给出一个带宽、时延估计模型。本书设计的协议主要考虑带宽约束来选择 QoS 路由,延时约束作为优化目标。

(3)本章重点对 AODV 协议进行了深入的研究,AODV 协议是基于最短路径来考虑的,一方面,这可能造成某些路径上节点过于繁忙,使得网络中出现拥塞,从而造成延迟;另一方面,节点负载重,能量消耗非常快,一定程度上缩短了网络的寿命;另外由于 AdHoc 网络的高动态性,拓扑结构不断发生变化,容易造成链路的断裂。针对以上问题,本书引入节点的空闲度和连接时间的概念,并将二者的加权和作为路径选择的依据。即在满足带宽和时延的前提下,在备选路径中选择二者加权和值大的路径作为传输路径,得到了改进后的协议 LLAODV。

本章在 NS2 网络仿真平台下将 LLAODV 协议与经典的 AODV 协议进行了性能分析和比较。仿真结果表明,LLAODV 基于带宽、延时约束来选择 QoS 路由,提高了分组发送率,又适当地降低了路由开销和延时,延长了网络寿命。

10.1 绪 论

1.引言

伴随着信息技术的不断发展,人们对移动通信的需求越来越强烈。近年来,移动通信技术得到了飞速地发展和广泛普及。我们经常提及的移动网络一般是有中心的,需要提前预设网络基础设施才能运行,但在某些特殊的场合,有中心的移动网络并不能胜任工作。比如,在战场上部队快速展开和推进、地震或水灾后的营救工作等。这些场合的通信不能依赖于任何预设的网络基础设施,而需要一种能够临时快速自动组网的移动网络,AdHoc 网络就很好地满足了这样的要求。

随着 AdHoc 网络的广泛应用,在网络中提供 QoS 保障成为新的课题。QoS(quality of service)是网络在传输业务流时,业务流对网络服务需求的集合,其中业务流是指与特定 QoS 相关的从源端到目的端的分组流;也就是说,QoS 是应用业务对网络传输服务提供的一组可度量的要求,主要包括带宽、端到端延迟、抖动、分组丢失率、花费等。在 AdHoc 网络中,如何合理、有效地利用无线网络资源,提高数据的传输性能,进而为各种业务提供服务质量保障,即在 AdHoc 网络中提供 QoS 保障成为新的研究课题。

(1)无线 AdHoc 网络的概念。无线 AdHoc 网络是由一组自主的无线节点或终端相互合作而形成的、独立于固定的基础设施、并且采用分布式管理的网络,是一种自创造、自组织和自管理网络,又叫移动自组织网络(MANET:Mobile AdHoc Network 或 Self—organized Network)或多跳无线网(Multi—hop Wireless Network)。由于无线电波的衰减特性,其覆盖范围十分地有限,两个无法直接进行通信的结点需要借助于其他结点分组转发,一次通信要若干次中继才能够完成,而担任这种分组转发功能的结点就是普通结点。结点通过分层的网络协议和分布式算法相互协调,实现了网络的自动组织和运行。

移动 AdHoc 网络的前身是分组无线网(Packet Radio Network)。早在 20 世纪 60 年代中期,在无线网的发展初期就引起了美国国防部高级研究计划署(DARPA)的兴趣,DARPA 于 1969 年建立了 ARPANET。1970 年,在夏威夷大学启动的 ALOHANET 是第一个大范围的分组无线网项目。在 1970 年由斯坦福研究院(SRI International)发起,并受到 DARPA 资助的实验性分组无线网(PRNET)项目持续了四年半的时间。在此之后,DARPA 于 1983 年启动了高残存性自适应网络项目 SURAN(Survivable Adaptive Network),研究如何将 PRNET 的研究成果加以扩展,以支持更大规模的网络。1994 年,DARPA 又启动了全球移动信息系统 G1oMo(Global Mobile Information Systems)项目,旨在对能够满足军事应用需要的、可快速展开、高抗毁性的移动信息系统进行全面深入的研究。成立于 1991 年 5 月的 IEEE802.11 标准委员会采用了"AdHoc 网络"一词来描述这种特殊的 AdHoc 对等式多跳移动通信网络,移动 AdHoc 网络就此诞生。移动无线网络研究的主要组织 Internet 工程任务组(IETF)在 1997 年成立了一个专门的移动工作组(MANET,Mobile AdHoc Networking),对无线 AdHoc 网络中的路由算法进行研究。美国 DARPA 研究协会、朗讯科技和贝尔实验室以及许多大学和研究所都在开展对无线 AdHoc 网络的研究和试验,他们提出了比较多的路由方案建议,依据这些路由方案构建的试验网络已经在运行。国际电气电子工程师协会(IEEE)在 2000 年底也成立了专门的 AdHoc 技术委员会,致力于使 AdHoc 网络的路由协议标准化的工作。802.11 委员会建立了介质访问控制协议的标准,该协议基于冲突避免和隐蔽站容忍算法,能在笔记本电脑间建立移动 AdHoc 网络原型,另外还有 HiperLAN 和蓝牙等标准,也都有助于 AdHoc 网络的标准化工作。

(2)无线 AdHoc 网络的特点。无线 AdHoc 网络在很多方面区别于其他通信网络,主要有以下几点:①移动自组织:除了网络结点外没有固定的基础设施,每个结点都具有路由功能,因而支持随时随地通信,能自发组建移动网络。②动态拓扑:结点可以自由地加入或者离开 AdHoc 网络,结点的这种移动性导致了网络拓扑结构频繁变化。③无线多跳通信:由于无线信号的衰减特性,无线通信范围外的通信需要由中间结点(普通结点)完成路由转发功能。④完全分布式:AdHoc 网络是由对等结点构成的网络,不存在中心控制,管理和组网都非常简单灵活。⑤严格的资源限制：有限的带宽和能源是所有无线网络的普遍特征，但由于无线 AdHoc 网络没有基站的支持，依靠有限的能量——电池提供路由转发功能，资源限制更为严峻。⑥安全性差：AdHoc 网络是一种特殊的无线移动网络，更容易受到被动窃听、主动入侵、拒绝服务、剥夺睡眠等网络攻击，使得 AdHoc 网络安全性问题比传统网络复杂得多。

与蜂窝网络相比，无线 AdHoc 网络具有不可比拟的优点。首先，不需要固定的基础设施（如基站），无线 AdHoc 网络可以被随时随地建立，可以在没有其他通信设施，或者由于保密、费用、安全性等原因使一些设施不能被使用的情况下使用。其次，AdHoc 网络不受固定拓扑结构的限制，具有很强的容错性和鲁棒性。

（3）无线 AdHoc 网络的应用前景。无线 AdHoc 网络具有广阔的应用前景。军事行动，地震、水灾或偏远地区的救援行动等都是 AdHoc 网络的传统应用领域。它也可以作为无线接入网，提供迅速的组网能力。在本地范围内，笔记本和掌上型电脑可以采用 AdHoc 的方式在会议中发布和共享信息，采用蓝牙技术的个人局域网作为短距离的 AdHoc 网络也极具发展前途，传感器网络可以用于战地情报的搜集、环境污染监测、地震和海啸的早期预报、生产车间监控等许多领域。

2.无线 AdHoc 网络 QoS 路由的研究现状

（1）路由协议的研究理论基础、方法和结论。最早从事商用 AdHoc 网络技术研究的组织机构是 IETF（Internet Engineering Task Force），1997 年 IETF 正式成立 MANET（Mobile Ad hoc Network）工作组 WG（Working Group），当前 IETF WG 的任务点是 AdHoc 网络的路由协议标准化和网络接口标准化工作。

根据 AdHoc 网络的特殊性，IETF 的 MANET 工作小组目前正专注于 AdHoc 网络路由协议的研究，近年来提出了多种 AdHoc 网络路由协议。另外，专业研究人员也发表了大量的相关文章，源头性的研究性工作主要集中在 2001 年以前，后续的成果多为对这些协议的改进。

在 AdHoc 网络中，设计一个有效的路由协议必须实现一定的功能，如能感知网络拓扑结构的变化、维护网络拓扑的连接、高度自适应的路由、支持单向信道、减少控制开销等。协议的性能评估有两种主要的方法：第一种是测量法，第二种是通过模拟来表现系统行为的特征。测量技术被应用在实际的系统中，这只能在实际系统或其原型可以得到的情况下使用。现在只有少数几个关于实际的 MANET 试验台的测量研究在文献中可以找到。其中，Uppsala university APE 测试台是最大的，曾经用 30 个节点运行测试过。从测试台出来的结果是非常重要的，因为它们指出了在以前的仿真研究中不能检测到的问题。

但是，根据工作场景和移动模型来建立实际的 MANET 测试台无疑是非常昂贵和有局限性的，协议的可扩展性、对用户的移动模型和速度的敏感性等在实际的测试台中是很难进行研究的而且测试通常是不可重复的。因此，绝大多数 MANET 的模拟研究都是基于仿真工具的，使用仿真或分析模型，可以通过改变所有参数和考虑网络场景来进行研究。现在 MANET 中使用的比较流行的网络仿真器有 OPENT、NS2 等。它们都提供高级的仿真环境来测试和编译不同的网络协议，包括冲突检测模块、无线传输和 MAC 协议等等。

在大量研究人员的不懈坚持和努力下，AdHoc 网络路由协议的研究取得了很大进展。目前的 AdHoc 网络路由协议分为表驱动路由协议和按需路由协议。为了满足一定的传输要求，后来又出现了满足 QoS 的路由协议，在本书第二章中对相关协议进行了详细的比较分析。

（2）无线 AdHoc 网络的 QoS 体系结构。目前在 Internet 上支持 QoS 的体系结构主要有

IntServ 和 DiffServ 两种。

IntServ 是一种基于流(per-flow)的资源预留机制,它引入虚电路的概念,由 RSVP 作为建立和维护虚电路的信令协议。路由器通过相应的包调度策略与丢包策略来保证业务流的 QoS 要求。IntServ 要求网络中的节点保存基于流的状态信息,它对节点的存储能力和处理能力都有很高的要求,存在着明显的可扩展问题。在无线 AdHoc 网络中,由于节点几乎全部都是便携式移动终端,其存储能力和处理能力均很有限。同时由于无线 AdHoc 网络拓扑结构的频繁变化,用于维护虚连接的 RSVP 协议将会带来很大的开销,而无线 AdHoc 网络的带宽有限,因此 IntServ 并不适合无线 AdHoc 网络,尤其是较大型的无线 AdHoc 网络。

DiffServ 是一种基于类(流的集合)的 QoS 体系结构,它提供定性的 QoS 支持。接入 DiffServ 域的业务流首先在域的边缘被分类和调节(conditioning),包括整形(shaping)、测量(meter)、重标记(remarking)/丢弃(dropping)等,而域的核心节点只简单地根据包的 DS 域对包进行调度,DiffServ 不要求域的核心节点保存并在网络拓扑变化时更新基于流的状态信息,从而核心节点的实现要相对简单。从这一方面看,DiffServ 更适合无线 AdHoc 网络。但是如果完全采用 DiffServ 结构,则在无中心、分步实施、拓扑变化频繁的无线 AdHoc 网络中,存在如何划分 DiffServ 域,如何定义并且区分边缘节点和核心节点,以及如何进行动态资源分配等问题。

由此可见,已有的 QoS 体系结构并不能完全适合无线 AdHoc 网络,结合无线 AdHoc 网络自身的特点及其应用场合,无线 AdHoc 网络的 QoS 体系结构应具有如下特点:

1)具有业务区分能力,提供定性的 QOS 支持。

2)开销比较小,对节点的存储能力和处理能力的要求比较低,尽量避免基于流的存储和处理要求。

3)分步实施,在无固定设施的无线 AdHoc 网络中,任何集中式的算法、机制都会增加其实现的难度和引入较大的开销。

4)具备自适应能力,即能够根据无线信道和网络拓扑结构的变化,实现自适应的资源分配、业务量调节等功能。

(3)QoS 路由研究中存在的问题。AdHoc 网络的各项技术都是目前国内外的研究热点。然而,由于受到无线带宽有限、节点频繁移动以及电池能量制约的影响,无线移动 AdHoc 网络获得民用化推广并得到长足发展仍然面临很多挑战。其中,保障 AdHoc 网络服务质量(QoS,Quality of Service)的技术已经成为制约其发展的重要环节。在过去的几十年中,国内外很多专家学者针对移动 AdHoc 网络的特点,在无线 AdHoc 网络 QoS 路由协议、路由算法方面做了大量工作,也提出了很多有效的方法。

无线 AdHoc 网络 QoS 路由研究中存在的问题包括以下几方面。

1)NP-Complete 问题:同时对两个以上相互独立的参数提出要求时,这个问题就是一个 NP-Complete 的问题。实时应用往往会对延时、延时抖动、带宽、丢失率、业务代价等多个参数同时提出性能要求。例如,实时多媒体业务会对延时和延时抖动同时提出要求。这些参数相互独立时,选择满足多个参数限制的路由就成为 NP-Complete 问题。NP-Complete 问题直接关系到路由算法的可实现性。

2)无线链路的时变特性。由于采用基于竞争机制的共享信道访问,无线链路存在"隐藏终端"、"暴露终端"和"侵入终端"等问题;另外,无线信号的传输还受到衰减、干扰和多径等多种不利因素的影响。因此,很难准确预测无线链路的带宽和时延。

3)单向信道的存在。由于发射功率或地理位置等因素的影响,在自组网中可能存在单向信道,造成认知的单向性、路由的单向性和汇点不可达。

4)网络状态信息的获取和维护困难。由于节点需要维护和更新大量链路状态信息,路由开销将会消耗过多的带宽和能量。有时即使建立了一条可行的路径也不能确保 QoS,因为移动、电源耗尽或干扰引起的路径失效可能使已预留的资源得不到保证。在自组网中,链路状态受节点的移动及周围环境影响较大,带宽、延迟、时延抖动等链路参数很难及时获取和维护。

5)自组网节点本身的限制。自组网节点内存较小、处理能力较弱、电池容量有限,要求 QoS 路由选择不能太复杂,还应具有能量感知和节能特性。

10.2 AdHoc 网络路由协议及分析比较

本节主要介绍无线 AdHoc 网络路由协议的划分标准、典型路由协议工作原理、方式以及协议之间的比较,常见的 QoS 路由协议的性能分析及比较。

无线 AdHoc 网络的中间节点必须具有报文的选路功能,其网络层除了提供传统意义上的功能(如为通信节点间提供建立、保持和终止网络连接的手段并使得不同的链路层对上层透明)之外,还要在节点移动以及信道变化的情况下维护和更新路由,因此路由算法始终是移动 AdHoc 网络的核心问题之一。

在移动 AdHoc 网络中实现端到端的通信需要路由协议的支持。传统的固定网络中为实现端到端的通信已经有了一些路由算法,但是由于移动 AdHoc 网络由一些移动的节点动态的构成和不同于传统固定网络的特点,为实现端到端的通信,不能直接采用已有的固定网络中的路由算法,因此需要开发新的路由协议。

1. AdHoc 网络的路由协议

根据路由发现的驱动模式的不同,移动 AdHoc 网络的路由协议可分为表驱动(Table-driven)和按需(on-demand)路由协议,这种划分方法是目前国内外学术界对移动 AdHoc 网络的路由协议的主流的划分方法。

(1)表驱动路由协议。表驱动路由协议又称为先验式路由协议。在这种路由协议中,网络中的每个节点都会维护一张路由表,路由表中包含着到达网络中其他节点的路由信息。当源节点要向某个目的节点发送数据包时,则可以立即从路由表中获得路由。如果节点检测到网络的拓扑结构发生变化,节点将在网络中发送更新消息;而收到更新消息的节点将相应地更新自己的路由表,以维护一致的、及时的、准确的路由信息。所以路由表可以准确地反映网络的拓扑结构,因此这种路由协议的时延较小;但是由于需要及时的更新路由信息,路由协议的开销较大。典型的表驱型路由协议有 DSDV、CGSR、FSR、WRP、DBF、GSR、HSR、ZHLS 等。

1)DSDV(Destination-Sequenced Distance Vector)路由协议是一种无环路距离向量路由协议,它是根据传统的路由选择算法改良而发展出来的。在协议中,每个移动节点都需要维护一个路由表,路由表的表项包括目的节点、跳数、下一跳节点和目的节点号。其中目的节点号由目的节点分配,主要用于判别路由是否过时,并可防止路由环路的产生。每个节点必须周期性的与邻居节点交换路由信息,这种交换可以分为时间驱动和事件驱动两种类型。在节点发送分组时,将添加一个序号到分组中,节点从邻居节点收到新的信息,只使用序列号最高的记录信息,如果两个路由具有相同的序列号,那么将选择最优的路由(如跳数最小)。

DSDV 路由表更新采用触发的方式来更新网络链路。为减少路由分组的长度,使用两种更新方式:一种是全部更新,即拓扑更新消息中将包括整个路由表,主要应用于网络变化较快的情况,另一种方式是部分更新,更新消息中仅包含变化的路由部分,通常适用于网络变化较慢的情况。DSDV 协议的主要优点是消除了路由环路,加快了收敛速度,同时减少了控制信息的开销,但是它的不足在于难以适应速度变化快的移动 AdHoc 网络。

2)CGSR(Clusterhead Gateway Switch Routing)使用了层次结构路由,指定了簇首节点和网关节点,其中簇首节点用来控制一组节点和网关节点,网关节点是两个簇之间的节点。当一个节点要发送分组时,这个分组首先到达该发送节点的簇首节点,然后簇首节点把这个分组通过网关节点转发给另一个簇首节点,不断重复这个过程直到分组到达目的节点。因此,每个节点都必须有其簇成员的路由表。CGSR 利用 DSDV 作为其底层路由选择机制,并针对分级网络做了适当的改进,寻路是通过簇首节点和网关节点完成的,簇内路由方式为成员节点-簇首节点-成员节点方式,簇间路由方式采用成员节点-簇首-网关-簇首-成员节点方式。

3)FSR(Fisheye State Routing)协议是一个需要在每个节点维护网络拓扑结构的链路状态协议。FSR 通过三个方面的改进来减少控制分组带来的网络开销:首先,它在相邻节点间交换链路状态信息。在实现机制上 FSR 和传统的链路状态路由协议相似,在每个节点都保存了一张网络拓扑图,不同的是交换链路状态信息的方式。在传统的链路状态协议中,节点一旦发现网络拓扑结构改变,马上在整个网络中广播链路状态信息。而这种情况不适合拓扑结构不断变化的 AdHoc 网络,所以 FSR 采用周期性链路状态更新,而且只在相邻节点间交换信息,而不是广播。其次,链路状态信息的交换只有时间驱动,而没有事件驱动。此外,FSR 并不在每次循环中都传输整个链路状态信息,而是对不同的表项使用不同的交换时间间隔。通过这些改进 FSR 协议减少了控制分组的数目和传输的频率,因此,FSR 协议具有较好的可扩展性。然而,随着节点移动的增加,距离较远的路由将会变得更不准确。

4)WRP(wireless routing protocol)协议是另一种表驱动路由协议,在网络的节点中保存路由信息。每个节点保存在路由表中的信息如下:距离、路由、链路开销和重传消息的列表(MRL)。MRL 记录关于消息序列号、重传计数器、每一个邻节点正确应答所需的标识和更新消息的更新列表等信息,这就使得节点可以决定何时发送更新消息以及发送给哪个节点。更新消息包括目的节点的地址、到目的节点的距离和目的节点的上游节点。然后邻节点就修改自己的路由表并试图通过预备的节点建立新的路由。WRP 的优点就是当一个节点试图执行路径计划算法时,可以通过目的节点的上游节点所保存的信息和邻节点所保存的信息来限制算法,使得算法收敛得更快并避免路由当中的环路。由于 WRP 需要保存 4 个路由表,所以比大多数的协议需要更大的内存。此外,WRP 还依赖于周期性的 HELLO 消息,这也要占用带宽。

(2)按需路由协议。按需路由协议又称为反应式路由协议,是一种当节点需要发送数据包时才查找路由的路由算法。在这种路由协议中,网络中的节点不需要维护及时准确的路由信息,只有当向目的节点发送数据包时,源节点才在网络中发起路由发现过程,寻找相应的路由。与先验式路由协议相比,反应式路由协议的开销比较小,但是由于发包时要进行路由发现过程,数据报传送的时延较大。典型的按需驱动路由协议有 DSR、AODV、TORA、ABR 等。

1)DSR(Dynamic Source Routing)是一种基于源路由的按需驱动路由协议,它使用源路由算法而不是按逐跳路由的方法。网络中每一个节点都需要维护一个已知的路由表,并且当发现新的路由时就更新该路由表。每一个数据包的包头都包含该数据包从源节点到目的节点路由所经过的中间节点序列信息,故称为源路由算法。DSR主要包括两个过程:路由发现和路由维护。当节点S向节点D发送数据时,它首先检查缓存是否存在未过期的到目的节点的路由,如果存在,则直接使用可用的路由,否则启动路由发现过程。

DSR协议的优点在于节点不需要周期性地发送路由广播分组,仅需要维护与之通信的节点的路由,协议开销较小,节省了能量和网络带宽;使用路由缓存技术,减少了路由发现的耗费,一次路由发现过程可能会产生多条到目的节点的路由,将有助于路由选择,能完全消除路由环路。

DSR协议的缺点在于由于每个数据包的头部都需要携带路由信息,数据包的额外开销较大;路由请求消息采用泛洪方式,相邻节点路由请求消息可能发生传播冲突并可能会产生重复广播。由于使用缓存路由,过期路由会影响路由选择的准确性。

2)AODV(On-Demand Distance Vector Routing)协议是一个建立在DSR和DSDV上的按需路由协议,借用了DSR中路由发现和维护的基础,采用DSDV逐跳路由,顺序编号和路由维护阶段的周期更新机制。在协议中,当中间节点收到一个路由请求分组后,它能够通过反向学习来取得源节点的路径,目的节点最终收到这个路由请求分组后,可以根据这个路径恢复这个路由请求,在源节点和目的节点间建立了一条全双工路径。

AODV协议的特点在于它采用逐跳转发分组方式,同时加入了组播路由协议扩展。其主要缺点是依赖对称式的链路,不支持非对称链路。

3)TORA(Temporally Ordered Routing Algorithm)协议是在有向无环图算法(Directed Acyclic Graphic)的基础上,结合反向链路算法提出来的自适应的分布式路由算法,主要用于高动态的多跳无线网络。TORA协议能够按需快速地发现多个路由,尽管这些路由不一定是最优的,但是TORA协议能够保证这些路由是无环的。TORA的主要特点是当拓扑结构发生改变时,控制消息只在拓扑发生变化的局部范围传播,节点只需要维护相邻节点的路由信息。

TORA协议的优点在于可以处理高密度的网络,具有很好的分布性。但是TORA协议是基于同步时钟的,时钟的不同可以导致路由的故障,并且当多个节点同时进行选路和删除路由时会产生路由振荡现象。

4)ABR(Associativity-Based Routing)协议是基于连接稳定度的路由协议,利用节点间的时空关系,它定义了一个新的路由选择度量联合稳定度,即为节点及其链路在时间和空间上的稳定程度。每个节点周期地广播信标,表明其存在,所有收到这个信标的节点更新关联表,把路由稳定的时间和路由信号的强度作为路由选择的测度,每收到一次,相应的节点稳定度就增加一点。稳定度值高代表该节点移动性小,稳定度低则表示其移动性大。当节点移动引起链路中断时,联合稳定度就会重置。

ABR路由主要由路由发现、路由重构和路由删除三部分组成。ABR协议通过节点定期发送信标,利用稳定度值来寻找网络中生存周期最长的路由。

2.表驱动路由协议和按需路由协议的性能比较

表驱动路由协议中每个节点维护一或多张表,这些表中包含着到达网络中其他所有节点的路由信息。当检测到网络拓扑结构发生改变时,节点便在网络中发送更新消息。收到更新消息的节点会更新自己的表格,以维护一致、及时、准确的路由信息。在这种路由协议中,无论路由是否被用到,每个节点都要维持路由表并进行路由信息的交换,这样将会对移动终端造成储存和计算的负担,且大量浪费了网络资源,网络拓扑变化较快时,这些大量交换的控制信息将影响数据信息的传输。它的优点是在有信息传送时不需要等待建立路由,因而延时较小。

按需路由一般包含两个阶段:路由查找和路由维护。路由查找一般采用询问/回答方式,当主机 S 要给 D 发送数据时,S 首先检查是否有到 D 的路由,如果有,则按该路由发送数据。否则 S 发送路由请求报文,查找需要的路由,主机 D 或沿途有到 D 的路由信息的主机收到请求报文后,会发送回答给 S,S 由此获得路由。路由维护是指因某个链路断开导致相应的路由失效时,主机会通知路由源重新查找路由,以免使用无效路由发送数据而造成数据的丢失。主机周期性地向所有邻居发送报文,若主机在给定时间内没有收到某个邻居的广播报文,则认为它们之间的链路断开。

单纯采用表驱动路由协议或按需驱动路由协议都不能完全解决实际问题。单纯的表驱动路由协议需要大量的控制分组,并且大量的控制分组是无为的。由于 AdHoc 网络具有高度动态性,网络拓扑的变化一般只具有局部意义,很多的路由信息都没有被用到,表驱动路由协议却把只具有局部意义的信息扩散到全网。解决的办法是限制或不传播拓扑变化信息。按需驱动路由协议不传播拓扑变化信息,引入了将找到的路由缓存的机制。为了保持缓存路由区的准确性,当拓扑发生变化时,要通知各节点修改缓存区中的路由信息,这实际上采用了部分表驱动路由协议持续维护网络拓扑的思想。由此可见,使用既有表驱动特点又有按需驱动特点的混合式路由协议是路由协议以后发展的必然方向。在局部范围内使用表驱动路由协议,以缩小路由控制消息传播的范围。当目标节点较远时,通过查找发现路由,这样既可以减少路由协议的开销,时延特性也得到了改善。

路由信息的可行性、路由结构、周期路由更新、处理移动性、控制开销、获取时延、耗电量、带宽开销和 QoS 支持等方面对目前的按需路由协议与表驱动路由协议两大类型进行了比较见表 10 - 1。

表 10 - 1 按需路由协议和表驱动路由协议的比较

参 数	可行性	路由结构	周期路由更新	处理移动性	控制开销	获取延时	带宽开销	耗电量	QoS 支持
表驱动路由协议	总是可行的	平面(CSGR 除外)	需要	通过其他节点信息维护路由表	高	低	高	高	最短路径做 QoS 度量
按需路由协议	需要时可行	平面	不需要	使用局部路由搜索	低	高	低	低	很少支持 QoS

根据表中驱动路由协议和按需路由协议的比较可以得出,在拓扑结构变化频繁的网络环境中,最好采用按需路由协议;而在网络拓扑结构相对稳定的网络环境中,如果业务对实时性要求较高时,最好尽量采用基于表驱动方式的路由协议。因移动自组网具有移动性、拓扑动态性、带宽受限、功率约束等特点,按需驱动路由更能适应 AdHoc 网络的需要。

3. 无线 AdHoc 网络 QoS 路由协议及比较

AdHoc 网络 QoS 路由研究的目的是提供具有 QoS 保障的路由,QoS 路由问题是 AdHoc 网络 QoS 研究的核心问题。AdHoc 网络的 QoS 路由问题就是研究如何在 AdHoc 网络中建立满足 QoS 需求的一条或多条路由,同时保证网络资源的有效利用。目前许多研究人员致力于这方面的研究工作,并已经取得了一定的研究成果。在已有的无线 AdHoc 网络的 QoS 路由协议中,有基于 TDMA 的、基于 TDMA/CDMA 的以及通用的 QoS 路由协议。基于 TDMA 和基于 TDMA/CDMA 的路由协议对于 MAC 层所采用的信道模式做了明确的规定,而通用的 QoS 路由协议并不针对具体的 MAC 机制,它是假定 MAC 协议具有能够提供本地可用带宽估计、时延估计和资源预留等功能。本书研究的是通用的 QoS 路由协议问题。

(1)AdHoc 网络 QoS 路由协议。

1) Q_AODV(Adhoc On Demand Distance Vector)。AODV 协议是在 DSDV(Destination Sequenced DistanceVector)协议的基础上,结合类似 DSR(Dynamic Source Routing)中的按需路由机制进行改进后提出的一种经典的 AdHoc 网络路由协议。它按需建立和维护路由,采用目的节点排序的方式有效避免路由环路。Chenxi Zhu 等人在 AODV 协议的基础上设计了一种 QoS 路由协议,称之为 Q_AODV。Q_AODV 协议是一种按需的路由协议,在路由选择中将最小带宽的路径作为路由选择的依据,具有 QoS 的支持;采用软状态的方法来保证 QoS 路由的有效性,每个状态设置一个生存时间,计时器超时而没有被更新则认为失效,从而触发路由维护。这些做法减少了路由控制开销,但另一方面,也增加了路由建立和修复的时间;Q_AODV 可有效避免路由环路,只适用于规模较小的低移动性网络,并且不支持单向信道。

2) LS—QoS(Link State baseQoS Routing)。LS—QoS 协议采用平均错误分组率和生存时间作为路由指标来寻找信号接收质量和信道稳定性最好的路由,保证了所寻路由的可靠性和稳定性,从而达到对 QoS 的控制;LS—QoS 协议需要实时收集并且计算平均错误分组率和链路生存时间,同时需要周期性广播链路状态数据库,无疑增加了电能消耗和路由开销,加重了节点的负载;它同时需要保存错误分组率和链路生存时间的列表,从而需要占用一定的存储空间。

3) CEDAR(Core—Extraction Distributed Ad hoc Routing)。CEDAR 将链路状态信息更新和 QoS 路由计算局限在网络核心,它的性能在很大程度上取决于网络核心的稳定程度和有效性。当网络拓扑变化比较剧烈时,核心路径频繁中断,网络核心的收敛需要一段时间,而在此之前建立的 QoS 路由均是无效的,但是却在一定程度上减小了 QoS 路由协议的开销;CEDAR 的缺点是需要实现较复杂的网络核心的建立和维护算法,而查找网络核心是 NP 完全的;它适用于中小规模的移动 AdHoc 网络。

4)STARA(System and Traffic DependentAdaptiveRouting Algorithm)。STARA 协议考虑了无线链路的带宽和排队时延等因素,它将路径平均延时作为路由计算指标,并尽可能将业务量平均分配到所有的可用路径上,具有 QoS 的支持;由于 STARA 是一种主动路由协议,每个节点均要周期性计算平均延时并更新路由表,所以此协议开销较大。

5)TBP 协议是一种按需的路由协议,主要优点是不需要完全准确的链路状态信息,同时通过有限数量的标签和在转发路由请求包时的智能逐跳选择来减少开销;若发现满足 QoS 要求路由的概率越小,那么探测分组携带的标签越多;TBP 的代价是减小了找到满足 QoS 要求的路径的概率;同时,它需要对状态信息进行周期更新,这会带来较大的带宽开销。

6)ABGR(Advanced Bandwidth Guaranteed Routing)。ABGR 协议系统需要 GPS 等硬件的支持,将电池能量的剩余作为 QoS 的条件,一定程度上控制了由于电能变化而引起的网络拓扑变化的问题,可以提高被选择路径的稳定性,并有效控制了路由建立中引起的开销;每个节点需要周期性地与相邻节点交换移动速度、电能剩余等信息,需要消耗一定的电能及网络带宽。

(2)AdHoc 网络 QoS 路由协议之间的比较。一个理想的 AdHoc 网络的 QoS 路由协议,应充分满足网络的分布式运行、按需进行协议操作、单向链路的支持、节能、可扩展性、安全性、无环路由和多播应用的需求。路由机制、支持多播功能、QoS 参数选择等角度对以上几种 AdHoc 网络 QoS 路由协议的比较分析见表 10-2。

表 10-2　几种 QoS 路由协议比较

协　议	路由机制	支持单向链路	支持多播功能	分布式操作	QoS 参数选择	特殊硬件支持	节　能
Q-AODV	按需	否	是	是	带宽	否	否
LS-QoS	按需	是	否	是	平均错误分组率和生存时间	否	否
CEDAR	按需	否	否	是	带宽	否	否
STARA	主动	是	否	是	平均时延最短	否	否
TBP	按需	否	否	是	带宽、延时	否	否
ABGR	按需	否	否	是	电池剩余能量、带宽	GPS	是

理想的移动自组网的 QoS 路由协议应当充分考虑到网络的自组织性、动态变化的拓扑结构、有限的无线网络传输带宽、单向链路、分布式控制、链路生存时间短、内存小以及能源有限等局限性。按需方式是移动自组网 QoS 路由协议的发展方向,理想的路由协议应当满足以下条件:

1)良好的自适应能力,健壮性及可扩展性。

2)路由计算时不要求全局信息,计算涉及的节点尽量的少,计算量小。

3)路由计算尽可能的简单,效率尽可能高。

通过上述研究可以看出,虽然关于移动自组网的 QoS 路由研究已经取得了一些成果,但是还存在一些问题亟待解决:

QoS 的度量参数。QoS 路由的度量参数主要有带宽、延时、延时抖动、丢失率和跳数等,这使得本来比较复杂的 NP 问题变得更加复杂。如何综合考虑每个参数的影响,找出它们的相关性,是一个亟待深入研究的课题。

在移动自组网中,为了适应动态变化的拓扑结构,QoS 路由大部分都采用分布式按需路由的方式,在路由建立过程中主要采用资源预留的方式,这样可能导致网络中某些链路资源闲置,而其他链路产生信息拥塞。同时拓扑结构的动态变化也可能使预留的网络资源无效。

(3)动态变化的拓扑结构使得路由信息的不确定性变得更加突出,从而使得 QoS 路由性能受到影响。

10.3　AdHoc 网络 QoS 指标

本节主要介绍 AdHoc 网络 QoS 指标的选择,QoS 参数可以有多种选择,但是却是一个 NP 完全问题,只能尽量满足业务要求。

1. 服务质量 QoS

随着无线自组网的迅速发展，人们希望无线自组网能够像固定的有线网络或蜂窝无线网络一样，根据不同业务，为我们提供不同的服务质量保障。特别是对于一些多媒体业务，对网络服务质量的要求越来越严格，例如对带宽、延迟、代价等都有一定要求，以满足人们在无线 AdHoc 网络上传输数据、声音和三维图像等综合业务的需要，而传统尽力而为的网络服务无法满足用户的需求。因此，在 AdHoc 网络中，合理、有效地利用无线网络的有限资源，提高数据的传输性能，为各种业务提供服务质量保障成为至关重要的内容，而无线 AdHoc 网络自身的特点使得在其中实现 QoS 具有很大的挑战性。

服务质量（QoS：Quality of Service）是指发送和接收信息的用户之间，以及用户和传输信息的集成服务网络之间关于信息传输质量的约定。QoS 不是对网络中某个个体或元素的行为描述，而是对涉及用户与用户、用户与网络以及网络内部节点（或元素）的整体行为。RFC2386（Request For Comments）中关于 QoS 的定义为：QoS 指网络在传输数据流时所必须满足的一系列服务要求。这些服务要求通常可以用带宽、分组延迟、延时抖动和分组丢失率等 QoS 参数来描述。传统的 Internet 只提供单一的服务，即"尽力而为"的服务。为了在 Internet 上提供有质量保证的服务，必须制订有关服务数量和服务质量水平的规定，规定中需要在网络方面增加一些协议，对具有严格时延要求的业务和能够容忍延迟、抖动和分组丢失的业务进行分类，同时采用多种分组调度机制和算法对这些业务进行处理，这就是 QoS 机制的职责。也就是说，QoS 机制不是用来增加网络带宽的，而是通过最优化的使用和管理网络资源使其尽可能满足多种业务的需求。

考虑到今后可能会应用到的实时通信，QoS 是衡量通信效果能否被接受的指标。关于在无线 AdHoc 网络提供 QoS 的思路主要有两种：①与具体的路由协议无关，通信节点的邻居发现协议能够实现 QoS 路由度量，因而路由协议可以根据这一信息生成最佳 QoS 的路由。②在具体的路由协议中加入 QoS 信息的限制，根据网络现有资源状况来决定传输路径，从而得到更好的数据传输性能，进而保证用户的 QoS 需求。

本章应用的是第二种思路，在 QoS 路由协议的基础上，通过选择合适的 QoS 参数，对 QoS 路由协议进行改进，使其在性能、能源节省、延迟以及吞吐率等方面都能达到很好的效果，以提高 AdHoc 网络中 QoS 路由的稳定性和可靠性。

2. QoS 常见参数指标

在 AdHoc 网络中，当任意节点 u，v 间的连接需要得到 QoS 保证时，一般可以用连接的带宽要求 B、时延要求 T、时延抖动要求 ξ、以及数据分组丢失率 η 这 4 个参数来描述 QoS 要求。假定路由 $r_{u,v}$ 的可用带宽为 B_i，时延为 T_i，时延抖动为 J_i，数据分组丢失率为 η_i，那么当需要在节点 u，v 间建立一条保证 QoS 参数集合 $\{B，T，\xi，\eta\}$ 的连接 $L_{u,v}$ 时，实际上就是要在路由集合 $R_{u,v}$ 中选出一条合适的路由 $r_{u,v}$ 来承载 $L_{u,v}$，并且保证 $B_i > B$，$T_i < T$，$J_i < \xi$，$\eta_i < \eta$。

QoS 的参数指标，按照其特性可以划分为 3 种：可加性参数、可乘性参数和最小化参数。

对于任何路径 $r = n_s, n_1, n_2, \cdots, n_i, n_d$，用 d 来代表 QoS 的量化参数：

1）可加性参数：满足条件 $d(r) = d(n_s, n_1) + d(n_1, n_2) + \cdots + d(n_i, n_d)$

2）可乘性参数：满足条件 $d(r) = d(n_s, n_1) \times d(n_1, n_2) \times \cdots \times d(n_i, n_d)$

3)最小化参数:满足条件 $d(r) = \min\{d(n_s,n_1),d(n_1,n_2),\cdots,d(n_i,n_d)\}$

在 QoS 的常见参数中,时延属于可加性参数、数据分组丢失率属于可乘性参数、带宽属于最小化参数。

在 Adhoc 网络中,由于其独有的特点,使得 QoS 问题是一个 NP 完全问题,虽然多个 QoS 路由指标可以更准确地模型化一个网络,但是寻找满足多个 QoS 路由指标约束的路径是很困难的,也就是说,寻求同时满足这些限制条件的最优解将导致极大的运算量,解决此问题的多项式算法可能不存在。因此,在设计 QoS 路由协议时,应当综合考虑 QoS 路由协议所提供的 QoS 性能和它所带来的计算耗费以及协议开销这些因素,即在 Adhoc 网络中,只能是尽量地满足要求。对于 QoS 路由,目的就是不仅要找到一条从源节点到目的节点的路径,而且还要满足一定的服务质量要求。

既然不能找到完全满足限定条件的最优解,我们希望能够找到一个相对简化的 QoS 模型。而带宽条件的满足是数据得以可靠传输的必要条件之一,在满足 QoS 要求的路由协议中,一般将带宽作为先决条件。在这里,为了简化计算,我们也将带宽条件是否满足作为路由选择的首要依据,并将时延条件作为优化目标,在满足带宽要求的基础上,附以时延限制,寻找满足传输业务要求的路径。下面介绍一下带宽和延迟的计算方法。

3. 带宽的计算

如果用 $r(n_1,n_2,\cdots,n_n)$ 表示一条由链路 $n_1,n_2,\cdots,n_n$ 组成的路径,路径的剩余带宽 RB_r 和该路径上的各段链路的剩余可用带宽 RB_{n_i} 之间的关系可表示为

$$RB_r = \min\{RB_{n_i} \mid n_i \in r\}$$

保证实时业务 QoS 的路由协议,就是要满足下面的要求:$BW_{req} < RB_r$,其中,BW_{req} 代表业务流需要的带宽。

在无线网络环境下度量一段链路的可用带宽,只考虑链路上承载的业务是不够的。无线传输中,节点与它周围一定范围内的所有节点共享频率资源,当一定范围内的所有业务对带宽的需求超过网络的传输能力时,就会发生拥塞,在度量一段链路的可用带宽时,不仅要考虑本节点的业务,还需要考虑节点周围的业务对资源的使用情况。我们定义节点 D 的"共享频率集"为 I(D),I(D)是由满足下面条件的节点 N 组成的:

1)N 正处于发送状态;

2)D 处在节点 N 的直接通信范围内,也就是说,D 可以接收到 N 发送的数据。

如图 10-1 所示,节点 A、B、C 正在发送数据,它周围的带宽已经被占用了一部分,此时,如果节点 A 要经过 D 向其他节点发送数据,在链路 AD 上就可能发生拥塞,然而此时这段链路并没有承载任何数据传输业务。这时,我们便认为节点 A、B、C 就处在 D 的"共享频率集"中。

节点剩余的可用带宽可以用下面的式子得到,即

$$RB_{SD} = BW - \sum_{M \in I(D)} RB_M$$

其中 RB_M 是节点 M 为发送数据流占用的带宽,M 是节点 D 的"共享频率集中"的节点。

4. 延迟的计算

基于"最短路径"考虑的协议,常常以跳数作为衡量最短路径的标准,进而选择当前路由缓

存中跳数最小的路径作为路由[44]。基于跳数的衡量标准比较容易通过计算来实现,但是它没有考虑端到端延迟的问题,也就是说,根据"最小跳数"路由机制选择的路由并不能保证分组以最小的或者是较小的端到端延迟到达目的节点。因为在运行以"最短路径"为约束的路由协议的网络中,大量分组将集中在几条"最短"的路径上,导致这些路径上的中间节点在处理转发的过程中发生拥塞,增大了分组在节点上处理的延迟时间。这种情况在带宽受限的无线网络中表现得尤为严重。

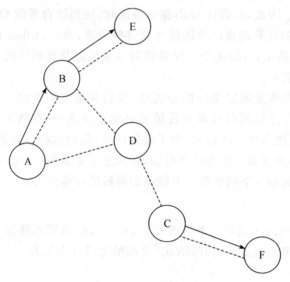

图 10-1　发送数据模拟

端到端的延迟是指数据包从源节点到目的节点所经历的时间延迟。为了计算时延,假设系统是同步的。网络中的节点会周期性的对邻居广播"HELLO"消息,"HELLO"消息中包含了一些非常有用的信息,例如带宽等。当"HELLO"消息被邻居节点收到时,发送节点和接收节点之间的时延被计算并存储起来,用作以后估算时延。

由于节点具有频繁移动性,为了更准确地计算时延,我们用 Dmeasured(T) 表示当前时间周期的测量时延,Dest(T)表示当前时间周期估算得出的时延,Dest(T-1)表示前一时间周期估算得出的时延,则时延公式为

$$Dest(T) = \alpha Dest(T-1) + (1-\alpha) Dmeasured(T)$$

式中 α 是权重因子,它决定了旧的信息对当前信息的影响程度。用过去一个时间周期内估算的时延以及当前测量所得的时延来估算当前时延,以此来平衡节点移动对时延计算的影响,α ∈[0,1]。

10.4　AODV 路由协议的改进

本节详细分析了现有的 AODV 路由协议,指出了 AODV 协议中存在的问题,为了解决这一问题,在满足 QoS 的约束条件下,引入节点的连接时间和空闲度的概念,并将二者的加权和作为路由选择的重要依据,以改变网络的整体性能。

1. AODV 路由协议及存在的问题

笔者所要进行的新协议的改进是基于原有的 AODV 协议的,AODV 路由协议是无线

AdHoc 网络中最经典的按需路由协议之一,路由发现过程是这样的:当源节点有数据要发送给目标节点时,它首先在自己的路由表中查找到目标节点的路由,如果路由存在并且有效,则立即开始发送数据;如果路由不存在或者路由存在但是已经无效,源节点就启动路由发现过程。源节点创建一个路由请求包 RREQ,并向其邻节点广播,为了避免 RREQ 不必要的大范围广播,AODV 采用扩展环搜索技术,设置路由请求的生存时间 TTL(time to live)值,一次请求没有响应,即没有收到相应的回答 RREP,则再次广播一个路由请求 RREQ,并增加 TTL 值和广播号,这一过程持续到发现路由或者 TTL 值达到允许的最大值为止。广播号是为了减少对广播分组的重复转发和处理,节点直接丢弃收到的重复广播。当中间节点收到路由请求后,首先根据 RREQ 中的广播号来判断这是不是已经处理过的 RREQ,如果是,则简单地直接丢弃;如果是新收到的 RREQ,则建立或更新到源节点的反向路径,反向路径可以用来发送数据,然后查寻路由表,如果它没有到目标节点的积极路由,就广播 TTL 值(这时的值已经减去1)不为 0 的路由请求来继续泛洪过程;如果中间节点确定自己有到目标节点的积极(有效的)路由,并且路由中的目标节点系列号大于或等于路由请求中的系列号,它就直接沿反向路径向源节点单播路由回答 RREP 并通知目标节点以保证路由是双向的。

目标节点收到路由请求后,不再广播路由请求,它先建立反向路径,产生一个 RREP,RREP 中含有最新的系列号等信息,沿反向路径单播给源节点。中间节点和源节点在收到 RREP 后会建立到目标节点的路由,并更新系列号等有关的信息。源节点收到 RREP 后即建立路由并开始传输数据。

具体工作过程可用图 10-2 来描述,节点 A 要发送数据给节点 E,如果没有可用的积极路由,就发起一个路由发现过程,节点 A 广播一个 RREQ 分组,分组中含有已知的节点 E 的最大的系列号,如果没有节点 E 的系列号,系列号就等于 0。广播可以沿不同的路径转发到节点 E,比如 RREQ 率先沿 ABCDE 传播到节点 E,节点 E 收到第一个 RREQ 后,便建立反向路径 EDCBA 并沿反向路径发送一个路由回答包 RREP,当 RREP 回传到节点 A 后,节点 A 到节点 E 的路由 ABCDE 便建立起来并开始传输数据。以后如果节点 E 收到其他路径上传来的 RREQ,如 AFGHIE,则不予理会,因为广播号是重复的。

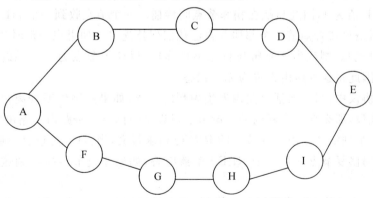

图 10-2 AODV 协议工作过程图

在数据的传输过程中,可能会出现以下几种情况:

(1)如果节点 A 在启动路由发现过程之前,节点 C 已经在向节点 E 发送数据,并且这条路由的系列号是很新的,即大于或等于 RREQ 中的系列号,那么当节点 C 收到从节点 A 传来的

RREQ 后,就不会再转发 RREQ,而直接向节点 A 发送 RREP,同时向节点 E 发送一个特殊的 RREP,节点 E 收到 RREP 后建立到节点 A 的反向路由,节点 A 收到 RREP 后建立路由并发送数据,数据传输的实际路线是 ABCDE。中间节点响应路由请求,显然减少了首次传输数据的延时,但却显著地增加了路段 CDE 上的负荷,而另一条可能存在的可用路径 AFGHIE 却空闲。道路 AFGHIE 是指可能存在的其他路由,它的跳数不一定比 ABCDE 大,也可能相等。

(2)如果节点 C 不是正在对节点 E 发送数据,而是对别的节点发送数据,那么节点 C 会转发 RREQ,经过节点 D 到节点 E,节点 E 收到 RREQ 后,向节点 A 单播一个 RREP 分组,节点 A 收到 RREP 后,就可以建立到节点 E 的路由,即 ABCDE,并发送数据。但是,AODV 路由协议选择最短路径作为传输路径,如果节点 C 是多条最短路径所经过的节点,那么它的发送任务就比较重,新建路由上传来的数据必然会加重节点 C 的负荷,导致丢包和延时的增加,降低网络的效率。因此,在这种情况下,节点 C 已不适合再参与新路由的建立。相反,另一条可能不是最短路径的可用道路 AFGHIE 却相对空闲,如果选择它作为传输路径,则会减轻繁忙节点的负荷,一定程度上减少了延时和丢包。

相关研究也表明,在 AODV 协议中,当无线 AdHoc 网络中节点的移动减少时,从数据包发送率与路由开销来看,网络的通信性能确实会提高,但是数据包延时反而会增大,这是由于协议有在大量路径中重复使用少数相同节点的趋势,从而导致少数节点承受负载过重,结果就使数据包延时增大,如果考虑到能量消耗,这些节点的电池能量消耗将非常大,不仅使节点有效工作时间缩短,而且影响了整个网络的寿命。

(3)在无线 AdHoc 网络中,节点是可以自由移动的,随着网络节点的频繁移动,网络的拓扑结构在不断地发生变化,各节点之间的链路连接情况也在不断地改变着,路径的平均寿命非常短暂,这就意味着通信节点需要频繁重构新的路径以维持正常通信,而路由请求分组在网络中的广播是非常昂贵的,需要消耗大量的带宽和能源,因此通过构造长寿路径降低路径重构频率在自组网中具有重要意义。所谓长寿路径指的是源、目的节点间能维持较长时间连接的路径。

由于拓扑结构是不断变化的,路由中的节点会周期地广播 HELLO 消息,HELLO 消息的生成时间即 TTL 值为 1,因此只能在相邻节点间传播。一个节点收到一个 HELLO 消息就可以新建一个邻居条目或者知道一个邻居与自己依然保持连接。如果在一定时间内收不到一个邻居的 HELLO 消息,则认为该邻居与自己不再连接,以这个节点为下一跳的路由都不能再用来传送数据,因此将这些路由设置为无效状态。

在 AODV 协议中,当一条活动路由发生中断的时候,如果链路中断处离目的节点距离不大于最大修复跳数,那么链路中断处的上游节点可以选择修复这条路由。路由修复的策略是:修复节点发送一个到活动路由目的节点的 RREQ 请求报文,当目的节点接收到这个请求报文时,目的节点会向修复节点回复一个 RREP 单播应答,如果修复节点接收到这个应答则路由修复成功。

AODV 协议只在下游链路进行路由修复,当上游链路发生中断的时候,节点会通知上游源节点重新进行路由寻找,而不是进行路由修复。为了控制本地修复的范围,AODV 协议设置了本地修复的跳数(LOCAL_ADD_TTL),从而控制了本地修复时发送的 RREQ 报文的广播范围。

但是,有时对下游链路进行修复的时间可能比重新发起路由还要长,如图 10-3 所示,假设节点 E 移到了图 10 - 3 所示的位置,节点 D 若要进行修复,需要通过其他的节点进行转发数据,若节点 A 重新发起路由发现过程,而且节点 E 在节点 A 的传输半径内,则可以直接传送。再者,如果发起路由维护的节点的负荷本来就很大,即使路由局部修复成功,也会由于该节点的局部负荷过大而使数据传输的效率依然不高甚至可能下降。造成以上问题的原因之一就是节点频繁移动,节点间保持连接的时间太短,使得路径寿命短,从而需要对链路进行修复。若能够对路径中节点保持连接的时间进行预测,选择那些保持连接时间相对较长的节点来转发数据,在数据传输过程中,尽量使链路保持连接,延长路径的寿命,则更能保证数据的可靠传输,减少不必要的延迟。

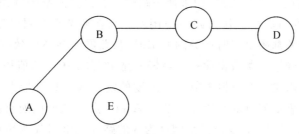

图 10 - 3　链路断裂重新寻路过程

针对上述几点问题,笔者的解决办法为:在满足带宽和时延的要求下,引用节点的空闲度和保持连接的时间两个概念,分别解决传输路径中节点的负荷过重引起的数据延迟与丢失、节点电池能量过早耗尽问题和节点的频繁移动造成的链路断裂引起的路由修复问题。根据网络中实际的传输业务需求,分别赋予二者一个权重因子,计算其权值,将二者的加权和作为路由选择的重要依据,进而计算每条可选路径的权值,将权值较大的作为传输路径。下面分别来介绍节点的空闲度和保持连接的时间两个概念。

2. 节点的空闲度

节点的空闲度用来描述节点的繁忙程度,如果一个节点频繁地处于一条传输路径中,需要大量转发数据,就认为此节点负荷重,非常繁忙,这时,实时业务再进行预约,会降低网络吞吐量,那么就不适合选择此节点作为下一数据流的转发节点;相反,若有些节点负荷轻,比较"空闲",就认为此节点适合传输数据,能够在一定程度上降低时延。

定义节点空闲度:节点 i 的空闲度是一个描述网络中节点传输状态的量,用 L_i（leisure degree）表示,用公式表示为

$$L_i = \frac{TxR_i}{RcvR_i}$$

式中 TxR_i（$RcvR_i$）称为节点的发送率（接收率）,代表节点发送（接收）数据包的速率。节点的传输状态可以根据节点收发数据包的具体情况来描述,节点发送数据包就增加了它的空闲度,节点接收数据包就减少的它的空闲度,L_i 值越大,节点空闲度越高,也代表节点的吞吐能力越强,L_i 越小,节点空闲度越低,也代表节点的吞吐能力越弱。

发送率（接收率）是通过以下方式得到的:即每隔 T 秒的时间进行采样,计算节点发送和接收数据包的速率 TxR_{sample} 和 $RcvR_{sample}$。对于 TxR_i 和 $RcvR_i$ 的实际值,使用指数加权移动平均法[38],分别根据 TxR_{old}, TxR_{sample} 和 $RcvR_{old}$, $RcvR_{sample}$ 进行预测。即

$$TxR_i = \alpha * TxR_{old} + \beta * TxR_{sample}$$

$$RcvR_i = \alpha * RcvR_{dd} + \beta * RcvR_{sample}$$

其中 $\alpha+\beta=1$，为使计算的发送率和接收率尽可能地准确，我们赋予代表了网络具体情形的采样值 TxR_{sample} 和 $RcvR_{sample}$ 较高的权重，如可取 $\alpha=0.2$。

定义路由的空闲度：在可用路由 $r_i = n_s, n_1, n_2, \cdots, n_d$ 中（n_s 是源节点，n_d 是目的节点），跳数 $HopCount \geq 1$。定义该路由的空闲度 L_{r_i} 如下[38]：

$$L_{r_i} = \begin{cases} MaxValue & HopCount(r_i)=1 \\ \min\limits_{n_j \in r_i, n_j \neq n_s, n_d}(L_{n_j}) & HopCount(r_i)>1 \end{cases}$$

MaxValue 是设定的一个最大值，用来使一跳路由有最大的空闲度，非一跳路由则以路由中所有中间节点空闲度的最小值作为路由空闲度。当在源节点和目的节点之间存在多条路由，而这些路由上的资源都满足实时业务的要求时，从兼顾网络整体效率的角度，我们考虑路由上承载的数据业务，选择一条数据业务负载轻的路由，即空闲度的值相对较大的路由。

如图 10-4 所示，描述了如何根据节点空闲度的定义选择具有最大空闲度的路径。图中的字母表示节点，数字表示节点的空闲度。节点 A 和节点 E 之间的所有路径及路径的空闲度见表 10-3，从表中可以看出，应该选择空闲度为 3 的路径 ABCE 作为传输路径。

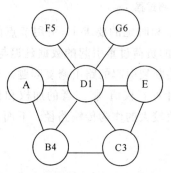

图 10-4 考虑节点空闲度的路由选择

表 10-3 可选路径及路径空闲度

	路径	空闲度
1	ABCE	3
2	ABDE	1
3	ABDCE	1
4	ADE	1
5	ADCE	1
6	ADBCE	1

3. 节点保持连接的时间

为了提供具有稳定的 QoS 保障的路由，对节点移动特性的了解和适应是必不可少的。上文提到，在 AdHoc 网络中，节点的频繁移动造成了网络状态的变化，从而需要对已经建立的路由进行修复，保证数据的顺利传输，我们通过下面的方法来计算节点保持连接的时间，进而计算路径的保持连接的时间，选择那些保持连接时间较长的路径作为传输路径，尽量减少对路径进行修复的概率。为了得到这个值，需要每个节点配备 GPS 接收模块以得到节点的当前坐标、运动方向、速率信息。假定在 AdHoc 网络中所有节点的有效传输距离一致，且均处于一个自由空间传播模型当中，信号强度仅与传送距离有关。

定义节点保持连接的时间（LET）：若网络中任意两节点在某一时刻二者之间的距离不大于有效传输距离，即可认为两节点在此时能够保持连接，则定义两节点保持连接的预测时间 LET(Link Expiration Time)为

$$LET = \frac{-(ab+cd)+\sqrt{(a^2+c^2)r^2-(ad-bc)^2}}{a^2+c^2}$$

式中

$$a = v_i\cos\theta_i - v_j\cos\theta_j$$

$$b = x_i - x_j$$
$$c = v_i \sin\theta_i - v_j \sin\theta_j$$
$$d = y_i - y_j$$

式中 v_i，v_j 为节点的平均移动速度，θ_i，θ_j 为节点主机的移动方向，$(x_i，y_i)$ 和 $(x_j，y_j)$ 分别为节点 i，j 的坐标，r 为节点主机的有效传输距离。以上各个值通过为每个节点配备的 GPS 获得。在这个公式中，对于已保持连接的两节点，当方向与速度一致时，LET 为无穷大，即一直可保持连接；若 LET 为负数，则认为两节点不能保持连接。

设有路由 $r_i = n_s, n_1, n_2, \cdots, n_d$，其中 n_s 是源节点，n_d 是目的节点，计算路由的连接时间，若跳数等于 1，通过上式计算两节点间的连接时间，即为该路径的保持连接的时间 LET_{r_i}；若跳数大于 1，则计算路径中涉及的所有相邻节点的保持连接的时间，取最小值作为该路径保持连接的时间 LET_{r_i}。

图 10-5 的例子描述如何根据节点保持连接时间的定义选择具有最大连接时间的链路。如图所示，图中的字母表示节点，数字为两个节点间的连接时间，节点 A 到节点 E 有两条路径，分别是 ABDE 和 ACDE，可计算出两条路径的连接时间分别为 3 和 1，因此，选择 ABDE 作为传输路径。

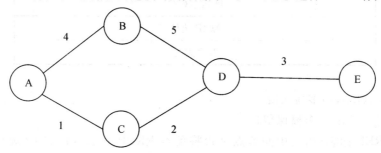

图 10-5　考虑连接时间的路由选择

在进行路径选择时，将节点的连接时间和空闲度作为路径选择的依据，分别赋予连接时间和空闲度一定的权值 w_1，w_2，定义路径权重函数为

$$w = w_1 * \text{LET}_{r_i} + w_2 * L_{r_i}$$

式中，$w_1 + w_2 = 1$。

公式中 w_1 和 w_2 的值可根据网络要求不同而不同，例如：若利用 AdHoc 网络进行远程医疗等业务，为了保持实时通信，可考虑赋予 w_1 较大的权值（如可取 $w_1 = 0.8$，$w_2 = 0.2$）；若网络中某些节点负载过重，需要为多条数据流转发数据包，链路中存在的数据流较大时，可考虑赋予 w_2 较大的权值（如可取 $w_1 = 0.2$，$w_2 = 0.8$）。

4.协议的具体描述

目前的 QoS 路由可以分为集中式路由和分布式路由。集中式路由试图在源节点使用所有的网络状态信息来决定一条最优路径，这样就需要在每个中间节点存储全局状态信息，一定程度上增加了网络开销。同时由于在源节点没有提供一种相关的实际计算方法，使得求解最优过程也极其复杂。大部分直接互联的网络都采用分布式路由，该方式被用来减少复杂性，它首先用并行和一跳接一跳的方法找到满足 QoS 要求的可行路径，然后在它们中间选择一条最佳的路径。因为并行搜索要求不断复制和转发大量分组，所以分布式一定程度上也增加了系统开销和通信复杂度。

QoS 路由过程作为 QoS 机制的关键问题之一,其基本任务是:①收集状态信息并保持更新;②搜索状态信息以建立路径。其中第 1 个任务直接关系到路由算法的性能,而网络中路由器收集的状态信息在某种程度上是不准确的,因此,一些传统的路由算法难以提供较好的性能。

新的协议是在 AODV 路由协议的基础上进行的改进,采用分布式 QoS 路由,在原有包结构的基础上,通过添加各个字段,获取找寻路径所需要的信息,在满足 QoS 要求的可供选择的路径中,选择最佳路径,尽可能保证数据的顺利传输。下文先给出 AODV 路由协议各个包结构,然后给出修改后的包结构,再进行协议的具体描述。

(1)AODV 协议的包结构。

1)路由请求 RREQ 分组格式如表 10-4。

表 10-4　路由请求 RREQ 分组

类　型	J	R	G	保　留	跳　数
路由请求号					
目标 IP 地址					
目标序列号					
源 IP 地址					
源序列号					

类型:1;

J:参与标志;(lbit,为多播保留)

R:修复标志;(lbit,为多播保留)

G:免费 RREP 标志;指出中间节点是否将免费 RREP 发送至目的 IP 地址域中列出的节点;

保留:保留位;发送时置 0,接受时忽略;

跳数:从源节点 IP 地址到对该请求信息做出回应的节点之间的跳数。

2)路由回复 RREP 分组格式见表 10-5。

表 10-5　路由回复 RREP 分组

类　型	R	A	保　留	前缀大小	跳　数
目标 IP 地址					
目标序列号					
源 IP 地址					
生存时间					

类型:2;

R:修复标志(用于多播);

A:需要通知;用于当发送 RREP 应答的连接可能是不可信的或者单向连接时。如果 RREP 信息里已经设置了"A"位,收到 RREP 的节点应该返回一个 RREP-ACK 信息。

保留:保留位;发送时置 0,接受时忽略;

前缀大小:如果不为 0,这 5bit 的前缀说明指定的下一跳节点可能被具有同样前缀的任何一个节点作为请求的目的地址;

跳数：从源 IP 地址到目的 IP 地址的跳数。

3）路由错误 RERR 分组格式见表 10-6。

表 10-6　路由错误 RERR 分组

类　型	N	保　留	不可到达的目标数
不可到达的目标 IP 地址			
不可到达的目标序列号			
增加的不可到达的目标 IP 地址（如果需要）			
增加的不可到达的目标序列号（如果需要）			

类型：3；

N：不删除标志；当节点进行了连接的本地修复，逆向节点不应该删除该条路由时设置。

保留：保留位；发送时置 0，接受时忽略；

不可到达的目标数：在该 RERR. 信息里包含的不能到达的目的节点的个数，至少为 1。

4）AODV 协议的 HELLO 机制的策略：当活动路由没有数据发送的时候，活动路由的组成节点会定期发送 HELLO 报文向邻居通告自己的信息和地址；邻居节点接收到这个 HELLO 报文，认为和该节点之间的链路保持良好状态；如果邻居节点在一定时间内没有接收到 HELLO 报文或者该节点发送的其他分组，则邻居节点认为到达该节点的链路中断。AODV 中的 HELLO 报文分组格式见表 10-7。

表 10-7　HELLO 报文分组

类　型	保留字段
目的节点 IP 地址	
目的节点序列号	
跳　数	
生存时间	

在 AODV 路由协议中，节点可以通过广播本地 HELLO 消息来提供连接性信息。每 HELLO_INTERVAL 微秒内，节点检查在最近的 HELLO_INTERVAL 是否发出了一个广播报文（比如 RREQ），如果没有发送，它会广播一个 TTL 值为 1 的 RREP，称为 HELLO 消息，HELLO 消息的字段设置如下：

目的节点 IP 地址：节点的 IP 地址；

目的节点序列号：节点最新的序列号；

跳数：0；

生存时间：ALLOWED_HELLO_LOSS×HELLO_INTERVAL。

任何时候节点收到来自邻居的 HELLO 消息，节点应该确信它具有到这个邻居的有效路由，如果必要，建立一条这样的路由。如果路由已经存在，那么应该增加这条路由的生存期，需要的话应该至少为 ALLOWED_HELLO_LOSS×HELLO_INTERVAL。同时，必须包含 HELLO 消息中的最新目的地序列号。当前节点现在可以使用这条路由来转发数据报文了，由 HELLO 消息建立，不被任何其他有效路由使用的路由将具有空的先驱表，并且邻居节点移开或者邻居超时发生的时候，不会触发 RERR 消息。

在 AODV 中,任何时候节点收到任何控制报文,也具有和收到显性的 HELLO 消息一样的意义。因为它通过控制消息报文中的源 IP 地址,显示出到节点的有效连接性。

(2)新协议 QoS－AODV 的具体描述

给出新协议 QoS－RREQ 包的结构:

AODV 协议中 RREQ 报文相应的域

请求的带宽

延迟的限定值

从源节点到转发节点的延迟和

从源节点到转发节点的路径连接时间 LET_{r_i}

从源节点到转发节点的路径空闲度 L_{r_i}

从源节点到转发节点的路径权重 w

为了得到上述包结构的各个字段,每个节点还需要维护一张表,包括以下信息:

节点的可用带宽 RB_{SD}

节点与邻接点的时延

节点的坐标

节点的移动方向

节点的速率

节点的发送率

节点的接收率

节点间带宽信息的交换模式可以采用 HELLO 包式,即将节点的带宽信息加在定期的 HELLO 包中广播出去,这种方法实现起来简单,每个节点通过这种方式计算出节点的可用带宽 RB_{SD}。

由于每个节点配备了 GPS 接收模块,从而可以得到节点的当前坐标、运动方向、速率信息,将其填入节点维护的信息表。

(3)路由请求阶段。当源节点向目标节点发送数据报文时,首先在路由表中查找到目标节点的路由表项,如果没有,则广播一个路由请求分组 QoS－RREQ,中间节点从包头中读出请求的带宽信息,和自己维护的带宽信息比较,在满足带宽要求的前提下,中间节点还需要将从源节点到当前节点的延迟和与延迟的限定值进行比较,如果前者大于后者,则直接丢弃,否则继续转发,同时将计算出的路径的连接时间、空闲度和加权和填入 QoS－RREQ 包的相应的域(计算方法如前文所述)。

(4)路由回复阶段。当目标节点收到第一次到达的 QoS－RREQ 报文时,并不直接回复,需要延迟 T_W 的时间再发送 QoS－RREP 报文,在 T_W 时间内,目标节点处理收到的 QoS－RREQ 报文,在满足带宽和时延的可用路由中,选择路径权重值最大的路径,在 T_W 到期时,发送 QoS－RREP 报文。

(5)路由维护阶段。AdHoc 网络的节点随时可以加入或离开网络,拓扑结构不断发生变化,导致已经建立的路由可能断裂,也可能因网络环境变化不再能够满足 QoS 要求,因此,在 AdHoc 网络中,除了找到满足传输要求的路由之外,路由维护机制也是非常必要的。

影响 QoS 路由的原因可能有:节点的频繁移动造成的路径断裂,传输路径拥塞造成的端到端时延过长。

对于第一种情况,路由维护过程可以通过周期性的发送 HELLO 分组来确保链路的有效性,并检测不可用的链路,如果一个节点从它的邻居收到了一个 HELLO 分组,然后在 HELLO_WAIT 时间内没有收到另外的 HELLO 分组,并且在 ALLOWED _HELLO_LOSS * HELLO_INTERVAL 时间内仍然没有收到 HELLO 分组,就认为该节点与下一跳之间的链路已经断裂。如果检测到链路断裂,一个节点的下一跳节点变得不可达时,就需要该节点向源节点发送路由错误消息,在路由错误消息传输的过程中释放流所占用的带宽资源,同时更新各节点的本地路由表,删除失效的路由条目。源节点收到此消息就停止业务流的传输,并重新进行路由发现。

对于第二种情况,由于在路由请求、回复包结构中添加了延迟和这一字段,可以计算出数据包从源节点到目的节点的时延和,如果目的节点连续检测到多个数据包的时延都超过了业务所要求的延迟的限定值,那么就向源节点发送信息,要求重新发起新一轮寻路过程。

5.协议的正确性和复杂性分析

首先证明 LLAODV 协议的路由选择是无环的。若 Path(S,D)中存在一个环路,则说明在路径上存在一个节点 i 两次收到了探测帧 P 并转发 P。又因为 LLAODV 沿用了原 AODV 的广播机制,LLAODV 协议中根据<源地址,广播 ID>判断是否收到过该请求消息,这与"如果收到过相同请求则丢弃请求消息相矛盾",即一条链路上至多只发送一次路由探测报文,因此,必定是无环的。

另外,在 LLAODV 协议的路由算法中,需要通过发送探测报文来建立路由,成功建立一条路径需要花费的时间开销是一个来回的时间。假设消息每经过一条链路花费的时间开销是一个单位,而假设 m 是被选择的多路径中节点数量的最大值,则最大链路数为 m−1,所以 LLAODV 协议算法路径建立的时间复杂性为 $O(2m)$。

10.5 仿真实验与分析

通过第四章具体协议的设计,我们已经得到了完整的新的改进的协议 LLAODV,本节通过仿真来检验协议的性能,首先来介绍一下仿真系统。

1.NS2 介绍

网络仿真是进行网络组建设计和网络性能评估时的一项重要的工作,而网络仿真软件是网络性能理论分析、评估网络设计方案以及网络故障诊断的有力工具。随着网络规模的增大,各种网络方案和协议日趋复杂,对于网络研究人员而言,由于网络仿真具有成本低、灵活可靠、易于比较等优点,它在现代通信网络设计中的作用越来越大。当前有许多优秀的网络仿真软件,其中应用比较广泛的主流仿真软件有 OPNET、NS2、MATLAB、SPW、QualNet 等,这为网络研究人员提供了很好的网络仿真平台。本书应用的是 NS2。

(1)NS2 基础知识。NS 是 Network Simulator 的英文缩写,字面翻译即为网络模拟器,又称网络仿真器。NS2 就是网络模拟器的第 2 版。

NS2 是一款开放源代码的网络仿真软件,最初是由 UC Berkeley 开发而成的。当时是为了研究大规模网络以及当前和未来的网络协议交互行为而开发的。它为有线和无线网络上的 TCP、路由和多播等协议的仿真提供了强有力的支持。NS2 是一个开源项目,所有源代码都开放,任何人都可以获得、使用和修改其源代码。正因为如此,世界各地的研究人员每天都在扩展和更新它的功能,为其添加新的功能模块和协议支持。它也是目前网络研究领域应用最广泛的网络仿真软件之一。

NS2 使用 Otcl 和 C++两种程序设计语言,这两种语言都是面向对象的。C++是强制类型的程序设计语言,程序模块的运行速度非常快,容易实现精确的、复杂的算法,但是修改和实现、修正 bug 所花费的时间比较长;Otcl 是无强制类型的,它是脚本程序编写语言,比较简单,方便实现和修改,容易发现和修正 bug,但是运行速度比 C++模块要慢得多。

(2)NS2 的原理。NS2 的主要原理如下:

1)离散事件模拟器。离散事件模拟是常用的系统模拟模型之一,事件规定了系统状态的改变,状态修改仅在事件发生的时候进行。在一个网络模拟器中,典型的事件有分组到达、时钟超时等。模拟时钟的推进是由事件发生的时间量来确定的,模拟处理过程的速率不直接对应实际时间。一个事件的处理有可能又会产生后续的事件,例如对收到的一个分组的处理触发了更多分组的发送。模拟器所做的就是不停地处理一个个事件,直到所有的事件都被处理完或者某一特定的事件发生为止。

NS2 是一个离散事件模拟器,其核心部分是一个离散事件模拟引擎。NS2 中有一个调度器(Scheduler)类,负责记录当前的时间,调度网络事件队列中的事件,并提供函数产生事件,指定事件发生的时间。

2)丰富的构件库。针对网络模拟,NS2 已经做了大量的模型化工作。NS2 的构件库对网络系统中一些通用的实体已经进行了建模,例如节点、分组、队列、链路等,并用对象实现了这些实体的特性和功能。相对于一般的离散事件模拟器来说,NS2 的优势就在于它有非常丰富的构件库,而且这些对象易于组合和扩展,用户可以直接利用这些已有的对象,进行少量的扩展,组合出所要研究的网络系统的模型,然后进行模拟即可,这样无疑减少了工作量,提高了效率。

NS2 的构件库所支持的网络类型包括局域网、广域网、移动通信网、卫星通信网等,所支持的路由方式包括动态路由、层次路由、多播路由等。NS2 的构件库提供了跟踪和监测的对象,可以把网络系统中的状态和事件记录下来以便以后分析。此外,NS2 的构件库还提供了大量的数学方面的支持,包括随机数的产生、随机变量、积分等。

3)分裂对象模型。NS2 的构件库是用两种面向对象的语言 C++和 Otcl 编写的。Otcl 是由 MIT 在 Tcl 语言的基础上开发的,它在 Tcl 中加入了类、继承、实例等面向对象的概念。NS2 中的构件一般都是由两个相互关联的类来实现的,一个类使用 C++实现,同时有一个 Otcl 类与之对应,这种方式称为分裂对象模型。构件的主要功能在 C++中实现,Otcl 中的类则主要提供 C++对象面向用户的接口,C++对象和 Otcl 对象之间是通过 TclCl 的机制关联起来的。用户通过 Otcl 来访问对应的 C++对象的成员变量和函数,编写 Otcl 脚本来对这些对象进行配置、组合,描述模拟过程,最后调用 NS2 完成模拟。

NS2 使用这种分裂对象模型,兼顾了模拟性能和灵活性这两方面。C++是高效的编译执行语言,使用 C++实现功能的模拟,可以使模拟过程获得较好的性能;Otcl 是解释执行的,用来进行模拟配置,可以在不必重新编译的情况下自由修改模拟参数和模拟过程,提高了模拟的效率。这种分裂对象模型增强了构件库的可扩展性和可组合性,通过编写 Otcl 脚本可以把一些构件组合起来,成为一个宏对象,并且起到了抽象作用,对用户屏蔽了功能实现的世界,用户只需要了解使用和配置接口,而不需要了解构件功能的具体实现。

(3)使用 NS2 模拟的基本步骤。在使用 NS2 进行模拟之前,首先要分析模拟涉及哪个层次。NS2 模拟分两个层次:一个是只基于 Otcl 编程的层次,这时利用 NS2 已有的网络元素就可以实现模拟,无需对 NS2 本身进行任何修改,只要编写 Otcl 脚本;另一个层次是基于 C++ 和 Otcl 编程的层次,如果 NS2 中没有所需要的网络元素,就需要首先对 NS2 扩展,添加所需要的网络元素。这就需要利用到分裂对象模型,添加新的 C++ 类和 Otcl 类,然后再编写 Otcl 脚本。

使用 NS2 进行网络仿真的基本操作流程如图 10 - 6 所示,首先要进行问题定义,知道自己要仿真什么东西,大概的拓扑结构应该怎样,是否需要对源代码进行添加或修改等;如果需要添加或修改代码,如图中右边方框中所示,有一个对 NS2 源码进行修改、重新编译和调试的过程;如果不需要修改代码,即采用 NS2 已有构件就可完成仿真工作,那么主要任务就是编写 Tcl/Otcl 仿真代码,生成一个.tcl 脚本文件,并用 NS2 执行该脚本进行仿真,仿真程序结束后会生成相应的 Trace 文件,即仿真结果文件,使用不同的工具对该脚本中的内容进行分析就可得到我们想要的结果图表,如果结果是我们的预期,那么整个仿真过程即可顺利结束,否则,应该分析问题所在,并重新考虑问题定义、源码修改、Tcl 脚本的修改。

整个仿真过程主要有三个部分的工作:一为修改源代码,二为编写 Tcl 仿真脚本,三为分析结果,现在对这三个步骤中需要注意的问题做进一步的描述:

1)源码修改:这一步只有在仿真需要修改源代码时才进行考虑,修改源代码是一项比较具有挑战性的工作,这需要有一定的编程和调试水平。特别需要注意的是,由于 NS2 是采用 C++ 和 Otcl 两种语言编写的,因此在修改源代码时,需要修改相应的 Otcl 代码。

2)Tcl/Otcl 仿真代码编写:这是 NS2 仿真中最重要和必不可少的一环,大部分 NS2 的仿真工作实际就是编写 Tcl 代码来描述网络结果、网络构件属性和控制调度网络模拟事件的启停的过程,因此,这需要用户对 NS2 中的网络构件非常熟悉。编写 Otcl 脚本,先配置模拟网络拓扑结构,此时可以确定链路的一些基本特性,如带宽、延迟和丢失策略等;建立协议代理,包括端设备的协议绑定和通信业务量模型的建立;配置业务量模型的参数,从而确定网络上的业务量分布;设置 Trace 对象。Trace 对象能够把模拟过程中发生的特定类型的时间记录在 trace 文件中;NS2 通过 trace 文件来保存整个模拟过程。仿真完成后,我们可以对 trace 文件进行分析研究。

编写其他的辅助过程,设定模拟结束时间,至此 Otcl 脚本编写完成。

用 NS2 解释执行刚才编写的 Otcl 脚本。

3)仿真结果分析:结果分析是真正体现仿真工作成效的重要一环,仿真结果分析要求用户熟悉 NS2 的 Trace 文件的结构,并且能够使用一些小工具对该结果文件进行分析以及根据分析结果数据绘制一些汇总图表等。

对 Trace 文件进行分析,得出有用的数据,可以使用 Gnuplot 或 Xgraph 工具来绘图直观显示数据变化情况,也可以用 Nam 等工具观看网络模拟运行过程。调整配置拓扑结构和业务量模型,重新进行上述模拟过程。

2.仿真实验

(1)NS2 下 LLAODV 路由协议的实现。本次使用的仿真程序以带宽、时延作为 QoS 参数,程序的实现在 NS2.31 版本下完成,主要对 AODV 协议进行了修改,涉及文件有 aodv_

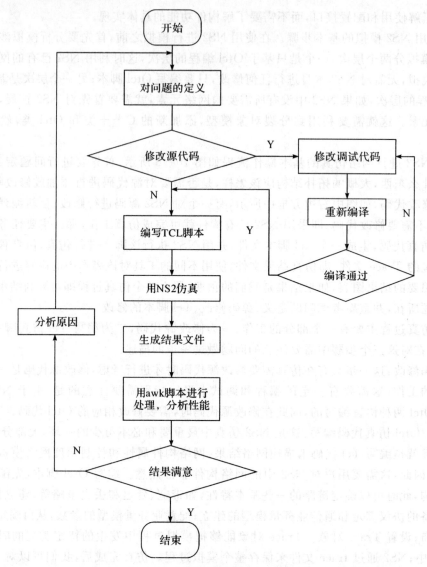

图 10-6　网络仿真基本的流程图

packet. h,aodv_packet. cc,aodv. tcl,aodv_rtable. h,aodv_rtable. cc,aodv. h,aodv. cc。我们需要修改路由请求包、路由应答包。对于路由请求包和路由应答包,在原有路由请求包的基础上添加了带宽、时延以及选择权值最小的路由所需的其他字段,修改 sendRequest、recvRequest、sendReply 和 recvReply 等函数,添加新的协议类,要编写 5 个程序文件,分别是:llaodv. h、llaodv-packet. h、llaodv. cc、llaodv-rtable. cc、llaodv-rtable. h。将必要的定时器、节点间交换所需的包、路由表等定义在头文件中,并在相应的. cc 文件中实现。

1)在~/NS-2.31 下创建一个名字为 llaodv 的文件夹,把上述 5 个文件放在该文件夹下。在 NS 运行 Tcl 中指定路由协议时其实只会用到路由协议的名称,我们需要修改 NS 的系统 Tcl 代码,使得当我们设定路由协议为 LLAODV 时会调用我们新增加的协议类。修改~/NS/tcl/NS-lib. tcl 文件,在 Simulator 类的 create-wireless-node 成员函数中增加下面代码:

```
switch—exact $ routingAgent_{

LLAODV{

set ragent{ $ self create—llaodv—agent  $ node}

}
```

这表示当无线移动节点指定路由协议为 LLAODV 时,将会调用 create—llaodv—agent 成员函数来进行初始化。然后在～ns/tcl/ns—lib.tcl 文件中定义 create—llaodv—agent 成员函数,代码如下:

```
Simulator instproc create—llaodv—agent{node}{

set ragent[new Agent/LLAODV[ $ node id]]

 $ node set ragent_ $ ragent

return  $ ragent

}
```

2)还需要修改～ns/lib/ns—packet.tcl 文件,在其中添加我们在 llaodv.cc 文件中定义的包头类型。为了创建包类型,还需要修改～ns/common/packet.h,在 enum packet.h 中增加一项表示新增的包类型,然后增加新增包类型的名字:

```
name_[PT_LLAODV]="LLAODV"
```

3)在完成了协议的定义和实现后,要对新增加的文件进行编译并链接到 NS 中去。需要修改～ns/Makefile 文件,增加对新类的编译。

(2)仿真环境、场景的设定。

1)仿真环境。仿真实验的仿真参数设定为:仿真时移动节点随机分布在 1000 * 1000 的区域内,节点的通信覆盖范围为 100m,节点的队列长度为 50,数据流类型为 CBR 数据流,模拟时间为 200s,MAC 协议采用 IEEE802.11DCF,在 NS2 中创建的节点具体如下:

```
set   val(chan)      Channel/WirelessChannel

set   val(prop)      Propagation/TwoRayGround

set   val(netif)     Phy/wirelessPhy

set   val(mac)       Mae/802_11

set   val(11)        LL

set   val(ant)       Antenna/OmniAntenna

set   val(ifq)       Queue/DropTail/PriQueue

set   val(ifqlen)    50

set   val(nn)        50

set   val(rp)        LLAODV

set   val(x)         1000

set   val(y)         1000

 $ ns —node—config—adhocRouting  $ val(rp)\

    —llType  $ val(ll)\

    —macType  $ val(mae)\

    —ifqType  $ val(ifq)\

    —ifqLen  $ val(ifqlen)\
```

```
—antType $ val(ant)\
—propType $ val(prop)\
—phyType $ val(netif)\
—topolnstance $ topo\
—agentTrace ON\
—routerTrace ON\
—macTrace OFF\
—movementTrace ON\
—channel $ chan_1_
```

2)生成随机场景。NS2 提供了 setdest 工具可以生成随机的运动场景,通过 setdest 的参数可以设定场景中的节点个数,运动速度,场景大小,场景模拟时间。例如我们选择一个包含 50 个节点的场景,这些节点分布在 1000 * 1000 的区域中,每个节点随机选择自己的运动方向和速度,最大速度为 40m/s,场景持续时间 200s,生成场景的命令如下:

setdest —n 50 —p 0 —s 40 —t 200 —x 1000 —y 1000>scene—50n—0p—40s—200t—1000—1000

3)生成随机数据流。NS2 提供了 cbrgen 工具可以生成随机数据流场景,例如在 50 个节点中随机选择 30 对节点,启动 30 个 cbr 数据流,每个流每秒钟产生 1 个 512 字节大小的数据包,生成数据流的命令如下:

ns cbrgen. tcl —type cbr —nn 50 —seed 1 —mc 30 —rate 1.0>cbr—50n—30c—1p

(3)衡量网络性能的指标。为了能够判断和衡量某种路由协议的性能高低,需要通过定性和定量的评估指标来度量。而且这些指标应该独立于欲测评的协议类型,同时对所有路由协议均适用。参照 InternetRFC2501,一般有以下定量指标:

1)平均端到端吞吐量(Average End—to—End Throughput):是指通信中单位时间内网络成功发送数据包的最大比特数。通过终端用户应用层接收的数据流量来描述,因此体现了网络的通信性能。

2)平均端到端时延(Average End—to—End Delay):包含所有可能的时延,如路由发现过程中的时延、接口队列处的排队时延、MAC 层传输时延和传播与接收时延等。这一指标对路由算法执行效率的测量和统计非常重要。针对移动 AdHoc 这种多跳无线网络,它影响源节点与目的节点间的总通信时间,反映了网络的互通性。

3)平均功耗(Average Power Consumption):是指每个节点在通信中平均消耗的功率。无线 AdHoc 网络节点多使用电池等可耗尽能源进行供电,因此在需要延长节点寿命的应用环境中需要选择功耗低的路由协议。这一指标反映路由协议的能耗特性,在带宽和功率受限的无线 AdHoc 网络环境中显得尤为重要。

4)分组传递率(Packet Delivery Fraction):是指接收端成功接收到的分组总数与发送端发送的分组总数之比。通过应用层观察到的分组丢失率,在一定程度上反映了协议的完整性和可靠性。

5)路由开销(Routing Overhead):是指仿真期间传输的路由控制分组总数。路由的控制信息少,开销就低,从而协议的运行效率提高,带宽和能源消耗相应降低。另外,路由开销也是代表协议扩展性的指标,可用来比较适应网络拥塞的能力。

6)路径优化(Path Optimality):是指网络实际选择的路由的跳数与理论上最短路径的跳数之差。它表示路由协议使用网络资源的效率,差值越小意味着实际使用路由越短,路径优化性能越好。

综上所述,六个指标比较全面地反映了无线 AdHoc 网络路由协议的不同特性:

1)寻找路由的时间和传送时延的长短,即快速性;

2)功耗特性、路由控制信息量与路由开销的多少和路径优化程度,即高效性;

3)对网络规模变化的适应性,即可扩展性。

实际上,当考虑无线移动网络的路由协议性能评估指标时,还要注意其应用环境,,即网络规模、链路容量、通信流量模式及节点移动速率等因素。

笔者进行仿真实验时,两种协议 AODV 和 LLAODV 均在相同的场景下采用相同的数据源进行仿真运行,所有统计结果均是三次仿真结果的平均值。在仿真过程中,主要统计分析下列性能指标来衡量网络性能:①网络的寿命;②端到端的延迟;③网络的吞吐量。

为了更好地检测新协议 LLAODV 的性能,设定了 2 种仿真场景对其性能进行验证:一是改变节点在场景中的运动速度,对比 LLAODV 路由协议和 AODV 路由协议的性能;另一个是改变网络的负载,对比 LLAODV 路由协议和 AODV 路由协议的性能。

(4)节点不同运动速度的仿真结果。定义 50 个随机移动的节点,设定路径选择过程中需要的权重因子 $w_1 = 0.8$, $w_2 = 0.2$。改变网络中节点运动速度,节点的最大运动速度分别为 2 m/s,4 m/s,6 m/s,8 m/s,10 m/s,12 m/s,14 m/s,16 m/s,18 m/s,20 m/s,分析在此场景下 LLAODV 路由协议和 AODV 路由协议的性能情况。仿真结果统计如图 10-7～图 10-9 所示。

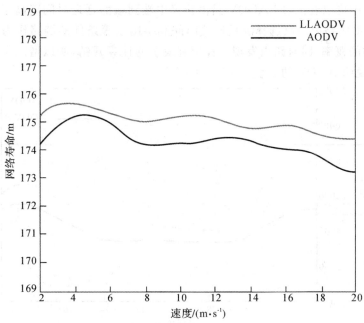

图 10-7 节点不同速度下的网络寿命

从图 10-7 中可以看出,LLAODV 路由协议的网络寿命高于 AODV 路由协议,优化后的协议能计算出相邻节点保持连接的时间,从而确定节点是否进行数据包的转发,节省了节点的能量,延缓了节点的死亡时间。

　　网络中每个节点赋予一个初始能量值,节点间传输数据需要消耗一定的能量,这里的网络寿命是指网络中第一个节点的死亡时间,Chang JH,Tassiulas L 在 *Routing for maximum system lifetime in wireless ad — hoc networks* 一文中对网络的生存时间的计算方法做了详细的描述,笔者就是采用这种方法。

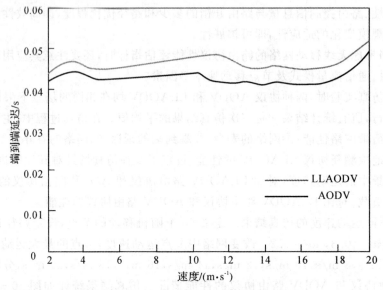

图 10 - 8　节点不同速度下的端到端延迟

　　从图 10 - 8 中可以看出,LLAODV 路由协议中端到端的延迟时间略高于 AODV 路由协议。因为 LLAODV 路由协议选择满足连接时间和空闲度等条件的链路作为传输路径,增大了路由发现失败的概率,同时路由发现过程中有较多的计算开销,所以增加了路由发现时间,但是,这并不能说明 AODV 协议优于 LLAODV。

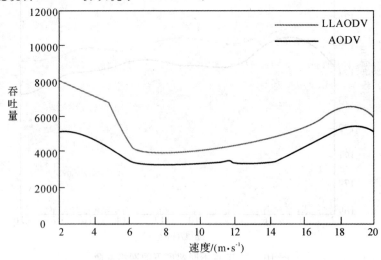

图 10 - 9　节点不同速度下的吞吐量

　　从图 10 - 9 中可以看出,LLAODV 协议中网络的吞吐量要略大于 AODV 协议,但是并不明显,这是因为,虽然新协议所选的路径相对比较稳定,但是也需要频繁的更新路由来实现自适应,更新路由的过程增加了网络的开销,这在一定程度上减少了网络中数据流的吞吐量。

(5)网络不同负载的仿真结果。设定权重因子 $w_1=0.2$, $w_2=0.8$。每次模拟生成 10 条 CBR 数据流,改变数据流的发送速率,模拟不同的负载情况,来分析在此场景下 LLAODV 路由协议和 AODV 路由协议的性能情况。仿真结果统计如图 10-10~图 10-12 所示。

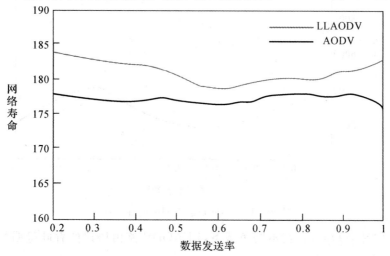

图 10-10　不同负载下的网络寿命

从图 10-10 中可以看出,LLAODV 路由协议充分利用了网络中的空闲节点,在通信过程中实际上采取了能量调节机制,从局部节约了网络能量消耗;节点空闲度的使用也平衡了网络负载,减少了网络拥塞,从整体上延长整个网络的寿命。

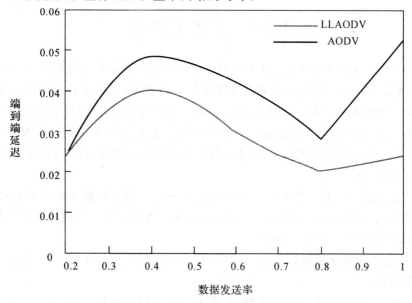

图 10-11　不同负载下端到端的延迟

从图 10-11 中可以看出,LLAODV 路由协议在数据发送率越高,即网络的负载越重的情况下,平均端到端延迟的优越性表现得越明显,因为当网络负载不断增加时,忙碌的节点越来越多,网络中出现拥塞的可能性越大,而新协议在选路时尽可能的避开了忙碌节点,降低了延迟,比较适用于对延时要求较严格的应用环境。

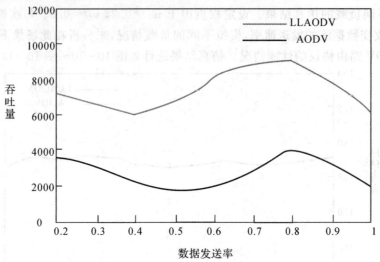

图 10-12　不同负载下网络的吞吐量

从图 10-12 中可以看出,在不同负载下,LLAODV 路由协议的吞吐量明显高于 AODV 路由协议,增加了 1.6 倍左右。

从上述模拟实验的结果来看,将节点的连接时间和空闲度这两个概念应用于 AdHoc 网络 QoS 路由选择中,确实能很好地提高网络的吞吐量,减少端到端的时延,延长网络的寿命,改善网络的性能。

10.6　结论与展望

无线 AdHoc 网络的应用环境要求它支持 QoS,QoS 保障技术是实现移动自组网民用化、商用化,确保无线 Internet 提供实时多媒体服务的关键技术,在移动自组网中提供 QoS 已经逐渐成为移动自组网研究中的一个重要研究方向。而无线 AdHoc 网络的特点决定了在这样的网络中支持 QoS 面临着巨大的挑战。本书在比较分析了已有的 AdHoc 网络路由协议的基础上,对如何在移动自组网中提供具有 QoS 保障的路由协议展开了深入而细致的研究工作。笔者主要做了以下工作。

1)对现有的无线 AdHoc 网络 QoS 路由协议的研究。现有的路由协议有很多,不同协议在不同的应用环境中都有各自的优缺点,比较分析各个路由协议在不同环境中的性能参数非常重要,为协议的改进研究奠定了基础。

2)给出了 QoS 的常见的参数指标,并选择带宽和延迟作为本文研究的重点,提出了带宽和延迟的计算方法。

3)在原有的 AODV 路由协议的基础上,提出了改进后的协议 LLAODV。改进后的协议在路径发现过程中,要考虑带宽和时延约束,在满足约束条件的前提下,将节点的连接时间和空闲度的加权和作为路由选择的依据,有效地延长了网络寿命,提高了吞吐量,降低了延迟,从而保证的数据的可靠传输。

4)对仿真工具 NS2 的研究。NS2 是当前业界公认的最优秀的网络仿真软件,但是在此平台下对 AdHoc 网络 QoS 路由协议进行仿真还是新的尝试,因此对 NS2 的仿真进行深入的研究具有极其重要的意义。

5)通过用 NS2 进行仿真实验,得出:改进的协议 LLAODV 在网络寿命、延迟、吞吐量等方面要优于 AODV 协议,从而改进了 AODV 协议的不足。

笔者虽然取得了一定的成果,但是随着新一代互联网络技术的不断发展,该课题的研究将会出现一些新的研究热点。在笔者研究的基础上,今后将在以下几方面继续开展研究。

1)笔者在计算延迟以及进行路径选择时,都涉及参数不确定性的问题,如何确定合适的参数满足网络不同的传输需要,也是亟待解决的问题。

2)改进的协议 LLAODV 在进行路径选择时,涉及到大量的计算,一定程度上影响了网络的吞吐量,增加了延迟。

3)笔者提出了一些改进的 AdHoc 网络 QoS 路由协议,并在 NS2 仿真环境中进行了仿真试验,但是针对当前 AdHoc 网络的具体现实情况,如何将这些算法应用到实际当中去,还有大量具体细致的工作要做。

4)安全问题。由于移动通信的广播特点,使得非法主机可以很容易地窃听到传输的信息,而目前提出的路由协议还都没有考虑通信的安全问题。

5)进一步的深入研究将会是 AdHoc 网络与其他类型网络的互联互通。目前该领域已经开始了初步的研究,AdHoc 网络的发展和应用必将成为重要的研究方向。路由技术无疑是异构互联网络中最重要的技术之一。

6)高性能网络技术在信息技术飞速发展的今天越来越显示出强大的生命力,在高性能网络技术的诸多进展中,多 QoS 约束路由已成为一个非常重要的研究领域,而 AdHoc 网络的多 QoS 约束路由是当前网络领域的前沿性研究课题。随着新一代互联网络技术的不断发展,该课题的研究将会出现更多新的研究热点。

第十一章 拥塞控制算法

随着互联网的发展,网络的传输内容发生了变化,从原来简单的文本指令到如今的视频、图片等丰富的内容,给人类生活带来极大的方便。在网络中,如果用户提供给网络的负载大于网络资源容量和处理能力,这时便会产生拥塞,拥塞是一种持续过载的网络状态,由于网络结构的复杂性使得拥塞的发生成了一个不可避免的问题。为保证网络的服务质量,进行拥塞控制势在必行。拥塞控制通过不断调节各个终端的传输速率,来确保这些用户能够高效、公平地分享网络资源。

11.1 拥塞产生的原因

(1)存储空间不足。一个输出端口需要处理多个输入的数据流时,在这个端口就需要排队,需要足够的存储空间暂存这些数据流,以便于后续的处理,如果存储空间不足,就会造成丢包现象,因此增加存储空间能够一定程度上解决这一问题,但是,存储空间无限大,并不能完全解决拥塞,优势设置会加重拥塞。这是因为网络里的数据包如果在存储空间等待较长的时间,实际上已经超时,发送端会认为它们已经被丢弃,而实际上,这些数据包还会继续向下一路由器转发从而浪费网络资源,加重网络拥塞。

(2)带宽容量不足。链路的传输速度和数据的发送速度的不匹配也会造成拥塞。香农信息理论中指出,信道带宽最大值即信道容量 $C = Blog2(1+S/N)$(N 为信道白噪声的平均功率,S 为信源的平均功率,B 为信道带宽)。这就意味着信源的发送速率 R 必须小于或等于信道容量 C,反之,就会产生拥塞。

(3)处理器处理能力弱、速度慢也能引起拥塞。如果路由器的 CPU 在执行排队缓存,更新路由表等功能时,处理速度跟不上高速链路,也会产生拥塞。同样,低速链路对高速 CPU 也会产生拥塞。

11.2 TCP 拥塞控制的基本方式

网络拥塞的问题属于交叉学科,是计算机、优化控制和控制理论学科之间的交叉领域。常见的网络拥塞控制有 IP 拥塞控制和 TCP 拥塞控制。TCP 拥塞控制是一种基于源端的拥塞控制方式,IP 拥塞控制是通过对路由器缓冲区中的分组采取调整和管理的措施改善 TCP 拥塞控制的性能,从而达到控制拥塞的目的。

有统计显示,互联网上 95% 的数据流使用的都是 TCP,在互联网发展的初始阶段,主要是通过控制 TCP 中滑动窗口端到端的流量来实现 TCP 拥塞控制,采用一种加法增加乘法减少(Administration)的拥塞控制方法。也就是说当发送方发现窗口内的报文丢失的时候,就认为是由于网络拥塞造成的报文丢失,就会把窗口大小减半来减小报文的发送,来调整拥塞现象;如果没有发现窗口中的报文发生丢失,就说明当前网络状况很好,就会把窗口的窗口加大,增大报文的发送速率,从而更多、更快地满足用户的需求。

　　复杂系统的许多问题,都能从控制论角度观察,网络也不例外。拥塞控制的方法,不论什么形式都可归为两类:开环和闭环控制。开环控制是在事先设计一个"好的"网络,确保它不发生拥塞,而网络一旦运行起来,就不再采取措施。显然对网络这样不断变化的复杂系统,开环控制并不是理想的选择。

　　TCP 的拥塞控制采用的是基于窗口的端到端的闭环控制方式。TCP 的网络拥塞控制算法最初由 V. Jacobson 在 1988 年提出,它只包括"慢启动(SlowStart)"和"拥塞避免(CongestionAvoidance)"两个部分,随着后来不断地发展,在 TCPReno 版本中又加入了"快速重传(FastRetransmit)""快速恢复(FastRecovery)"这两个部分,使得 TCP 拥塞控制方法更加完善。

　　TCP 拥塞控制可分为以下三个阶段。

　　1)慢启动阶段。旧的 TCP 在启动一个连接时会向网络中发送许多数据包,路由器不会同时处理这些数据包,因此数据包需要在存储空间中排队等待被处理,这样就会占用大量的存储空间,从而导致 TCP 连接的吞吐量(throughput)急剧下降。避免这种情况发生的算法就是慢启动。慢启动的设计思想是,控制拥塞窗口的大小,根据源端收到的确认信息,逐渐增加窗口的大小,避免连接刚建立时,网络中有大量数据包造成拥塞。当建立新的 TCP 连接时,拥塞窗口(cwnd)初始化为一个数据包大小(一个数据包缺省为 536 或 512bytes)。数据发送源端按 cwnd 的大小发送数据,每收到一个 ACK 确认,cwnd 就增加一个数据包发送量。TCP 连接就像一条水管一样,发送端维持着一个发送窗口,这个窗口的大小预估连接信道的数据容量,发送源端每接收到接收端的一个确认信息发送窗口就向水管中添加数据,流向数据接收端。这样,cwnd 的增长将会呈指数级增长:1 个、2 个、4 个、8 个……。源端向网络中发送的数据量将急剧增加。

　　2)拥塞避免阶段。当源端发现超时或收到 3 个相同 ACK 确认帧时,网络即发生拥塞(TCP 这一假定是基于由传输引起的数据包损坏和丢失的概率很小。此时就进入拥塞避免阶段。拥塞避免阶段色设计思想是,发送方检测预先设置的发送窗口阈值,一旦大于这个阈值,就使窗口变小,或增长变慢,以此来避免拥塞。

　　慢启动阈值(ssthresh)被设置为当前 cwnd 的一半,如果是超时,cwnd 还要被置 1。如果此时 cwnd≤ssthresh,TCP 就重新进入慢启动过程;如果 cwnd>ssthresh,TCP 就执行拥塞避免算法,cwnd 在每次收到一个 ACK 时只增加 1/cwnd 个数据包(这里将数据包大小 segsize 假定为 1),所以在拥塞避免算法中 cwnd 的增长不是指数的,而是线性的(linear)。

　　3)快速重传和恢复阶段。当数据包超时时,cwnd 要被置为 1,重新进入慢启动,这会导致过大地减小发送窗口尺寸,降低 TCP 连接的吞吐量。所以快速重传和恢复就是在源端收到 3 个或 3 个以上重复 ACK 时,就断定数据包已经丢失,重传数据包,同时将 ssthresh 置为当前 cwnd 的一半,而不必等到 RTO 超时。绝大多数终端选择传输控制协议 TCP 来进行拥塞控制。

11.3　TCP 拥塞控制存在的问题

TCP 协议的发展之初就已经考虑到传输环境对数据发送速率的限制，TCP 的滑动窗口协议就是在预估数据接收方对数据处理能力（接收方缓存规格，应用处理速度）的前提下限制数据发送方的发送速率。TCP 协议为发送端传输的每个字节都分配一个唯一的序列号，接收端可以通过这个唯一的序列号来确定接收到的数据是否存在乱序、重复和丢失。在 TCP 连接通信过程中，接收端会不断更新自己的数据接收能力，并将一个接收窗口大小告知发送端，发送端就通过这个接收窗口大小按照数据序列号不断移动发送窗口来控制发送速率。但随后研究人员发现简单的流量控制只关注到了数据接收端的接收能力而没有考虑到网络本身的传输能力，这也导致了专家学者随后对这一问题的深入研究。

11.4　几种改进的拥塞控制方法

由于 TCP 控制技术在网络拥塞控制中的重要性，国内外很多的研究人员在 TCP 控制方面做了大量的研究工作，不断地改进与完善，有了很大的进展，取得了不少的研究成果。

在 TCP 网络拥塞控制算法研究过程中出现了 5 个版本的控制算法：Tahoe－TCP、Reno－TCP、NewReno－TCP、SACK－TCP 和 Vegas－TCP。

1. Tahoe－TCP

Tahoe－TCP 提出的时间较早，它把 Ja－cobson 提出的新算法应用在 TCP 的拥塞控制当中，包括"慢启动""拥塞避免"和"快速重传"三个阶段。在"快速重传"阶段，源端根据是否收到 3 个相同色 ACK 确认分组来确定分组是否已经丢失，减少了时钟超时等待的时间，降低了时延，提高了网络的吞吐量。此外 Tahoe 能够更加精确地设置超时重传的时间，在往返时延的计算方面也有所改善。

2. Reno－TCP

Reno 算法是对 TCP 控制算法的改进，是在 Tahoe 的基础上进行改进的。Tahoe 算法每次慢启动开始后都将源端发送窗口设置为一个 MSS 大小，源端在接收到信道拥塞信号后就立即把连接置为慢启动状态，因此，在拥有一定丢包率和拥塞频繁的链路中，Tahoe 算法严重影响到了数据发送的效率，使链路的带宽利用率会急剧降低。

Reno 算法与以往的 TCP 拥塞控制算法相比较增加了"快速恢复"。当发送端收到一定数量的 ACK 重复确认字符后，就会立刻进入"快速恢复"阶段，以此来提高拥塞恢复的效率。但是，Reno 的"快速恢复"只是改进了对单个分组从数据窗口丢失的这种情况，对多个分组数据从同一个窗口丢失的情况还存在一定问题，需要进一步改进。

3. NewReno－TCP

NewReno－TCP 是对 TCP 控制算法的又一改进，Reno 算法在有多个分组从同一数据窗口丢失时，存在重传定时器的超时等待这一问题。在一个窗口内如果有 3 个以上的数据分组丢失，退出快速恢复阶段，就会很容易因为拥塞窗口的减小进入"拥塞死锁"状态。一旦进入这种状态，数据即使丢失，也不会接收到后续的重复确认信息，这就导致重传定时器超时。

在 NewReno－TCP 算法中，进入快速恢复阶段之后，只有在接收到全部确认信息后才会退出快速恢复阶段,接收到部分的确认信息的时候并不会退出快速恢复阶段。

4. SACK－TCP

Sack 算法和 NewReno－TCP 一样,解决的是一个窗口内多个分组的丢失的处理方案,它是对 Reno 算法的又一次改进,使用"选择性重复"的方法恢复同一窗口中多个数据分组丢失的情况。

当 Sack 算法检测到网络拥塞的时候,对从重传数据包丢失到检测到数据包丢失之间的数据包不会全部发送,而是有选择地确认和重传部分数据包,避免不必要的数据重传,能够有效地降低时延,提高网络的吞吐量。

5. Vegas－TCP

Vegas 改进了在之前 TCP 拥塞控制算法中出现的超时重传和快速重传的次数。之前的算法都是以链路是否丢包作为链路是否出现拥塞的标志,Vegas 选用更为准确的测量链路的RTT 作为拥塞出现的标志。当 RTT 变大时,Vegas 就认为链路发生了拥塞,随之减小数据发送端的发送窗口,当检测到 RTT 变小时,Vegas 就认为当前传输链路环境良好,因此就增大发送端的发送窗口,提高发送速率进而提高了信道带宽的利用率。

Vegas 在 Reno 算法的基础上进行了重大的改进,首先是 Vegas 对重传触发机制的改进。Reno 算法收到 3 个重复的才触发重传,而 Vegas 只要收到 1 个 ACK 确认字符就能启动重传触发,这样便于及时检测到网络拥塞情况的发生,避免网络出现严重的拥塞。其次为了减少不必要的数据分组丢失,Vegas 在"慢启动"过程中采用了更加小心的方法增大窗口的大小。最后 Vegas 改进的是"拥塞避免"阶段,它通过观察以往的 TCP 连接中往返时延值的变化来推测拥塞的发生,并采取措施相应地调整拥塞窗口的大小。当往返时延值变大的时候就认为网络有拥塞现象出现,就会减小拥塞窗口,如果往返时延值变小,就会增加窗口大小,来消除网络拥塞,这样窗口根据往返时延值动态变化,理想情况下窗口大小将会趋于一个合适的值上。这样使网络拥塞机制的触发不是依靠包的具体传输时延,而是与往返时延的改变有关。(见表 11－1)

表 11－1　各算法的优缺点

算法类型	优　点	缺　点
Tahoe－TCP	有效避免了拥塞崩溃的发生,是 TCP 网络拥塞控制的研究基础	没有"快速恢复"阶段,轻网络拥塞情况下,拥塞窗口减小太大,降低了网络传输能力
Reno－TCP	在 Tahoe 的基础上增加了"快速恢复"算法,提高了拥塞恢复的效率	当多个分组从同一个窗口丢失时,还存在着问题,仍然有待于改进
NewReno－TCP	对 Reno 算法的改进,避免了出现"拥塞死锁"现象	在高速的网络中不能有效地利用宽带,这也是现在所有 TCP 拥塞控制的一个通病
SACK－TCP	SACK－TCP 检测到有拥塞发生时,有选择性重传数据,避免不必要的重传	需要修改接收端 TCP,在实际应用的时候实现比较复杂
Vegas－TCP	采用新的重传触发机制,"慢启动"阶段采用更加谨慎的方式增加窗口大小,改进了拥塞避免阶段调整窗口的措施	与未使用 Vegas 的 TCP 连接在一起,竞争宽带能力弱

11.5 TCP 拥塞控制算法研究热点

(1)网络模型及其动力学行为分析。由于网络结构越来越复杂,研究者对真实的网络进行各种建模,以方便研究其内部的一些特性,网络建模在网络技术特别是 TCP 拥塞控制的研究中有着重要的意义,是网络性能研究不可缺少的工具。这方面的研究主要是从网络的数学模型出发,从数学的角度分析网络模型的动力学性质以便对一些有关网络拥塞控制的结论进行改进和推广。具体来讲,主要是分析不同类型网络模型的数学模型的平衡点的存在性与全局稳定性,周期解的存在性与全局稳定性,以及该周期解的存在性与全局指数稳定性。近年来,由于考虑到信号传递和交换的速度是有限的,时滞被广泛引入到神经网络模型的研究中。所考虑的模型都为泛函微分方程模型。事实上,和常微分方程相比,泛函微分方程更精确地描述了客观事实,因而备受国内外学者的高度重视。由于网络是一个复杂非线性的系统,因此对网络建模的研究也将是一项长期的艰巨的工作。

(2)网络拥塞预测分析。为了尽量满足用户的网络需求,加强网络管理和改善网络的运行质量已成为当务之急,网络拥塞预测已经成为解决网络拥塞问题的一个热点。在众多影响网络拥塞预测分析的因素中,最重要的就是网络流量。对网络的流量测量与预测的研究对于网络提供者、网管人员来讲都有着非常重要的意义。对网络提供者来说通过网络流量测量与预测,能够了解到自治域之间、网络之间的流量情况及其大致趋势,这些数据可以用在网络优化中,更好地设计路由和负载均衡。对网管人员来讲,通过对网络流量的测量与预测,可以判断网络拥塞,进而实施拥塞控制,降低由于拥塞带来的数据丢失和信息延迟,充分利用网络资源,提高网络服务质量。

(3)多瓶颈链路网络拥塞控制算法研究。就目前而言,对 TCP 拥塞控制算法的研究还不是很完善,其中很重要的一个因素就在于网络拓扑的研究上。现有算法的研究大多数都采用单瓶颈链路拓扑结构,对于多瓶颈链路拓扑结构却少有涉及。在单瓶颈链路拓扑结构条件下研究各种算法理论上是可行的,但是现实的网络结构却是非常复杂的,很多因素的影响是单瓶颈链路所无法模拟的,而这些因素很可能是影响实际网络性能的重要因素,多瓶颈链路拓扑是一种更接近现实网络模型的结构,只有在多瓶颈链路条件下对 TCP 网络拥塞控制算法进行研究,才能更好地揭露算法在实际网络中可能涉及的难题,因而对多瓶颈链路网络进行深入研究对于实现网络的拥塞控制具有重要意义。

(4)基于控制理论的算法研究。控制理论是一门相当成熟的理论,有非常多的方法可以借鉴到拥塞控制中来。近年来国内外的很多学者进行了一些尝试性工作,利用控制理论的方法来解决互联网中的拥塞控制问题。但是由于 Internet 本身是一个复杂非线性结构,使对网络稳定性和动态性能的分析的研究更加困难,因而这方面的研究还不够成熟,有待继续研究。因此,如何有效地将控制理论的思想特别是智能控制方法运用于网络拥塞控制中,将是未来研究的一个难点问题,也是一个热点问题。

(5)基于智能优化算法的拥塞控制研究。智能优化算法又称为现代启发式算法,是一种具有全局优化性能、通用性强且适合于并行处理的算法。这种算法一般具有严密的理论依据,而不是单纯凭借专家经验,理论上可以在一定的时间内找到最优解或近似最优解。近年来将智能优化算法应用于拥塞控制也成了一个热门的研究方向，它主要用来解决那些传统方法无法解决的拥塞控制问题。例如：遗传粒子群优化算法、蚁群优化算法、多 Agent 算法在拥塞控制中的研究已经取得了初步的进展。

第十二章　入侵检测算法

12.1　绪论

本节首先介绍入侵检测技术的研究背景和研究现状,然后介绍入侵检测技术存在的问题及发展趋势。

1.研究背景

Internet 是信息时代的宠儿,自从问世以来,Internet 就在不断地迅猛发展,人们获取信息和相互交流更为便捷,企业的营销方式和管理机制也由 Internet 的发展而带来了新机遇,但是,Internet 的飞速发展也带来了无数的安全问题。Internet 在设计初期,主要考虑相互兼容和互通能力,并没有针对安全方面做太多设计,Internet 的飞速发展更使得之后对 Internet 协议进行全面修改成为难以解决的难题。

随着互联网的迅速发展和网络环境的日趋复杂,新的攻击方法层出不穷。防火墙作为一种静态的访问控制类安全产品通常使用包过滤的技术来实现网络的隔离,适当配置的防火墙虽然可以将非预期的访问请求屏蔽在外,但不能检查出经过它的合法流量中是否包含着恶意的入侵代码。因此,单纯的防火墙策略已经无法满足当前的需要,网络的防卫必须采用一种纵深的、多样的手段。在这种需求背景下,入侵检测系统应运而生,成为保证网络安全的第二道大门。

入侵检测是指发现非授权用户企图使用计算机系统或合法用户谮用其特权的行为,这些行为破坏了系统的完整性、机密性及资源的可用性。为完成入侵检测任务而设计的计算机系统称为入侵检测系统(Intrusion Detection System,IDS)。IDS 的作用是检测对系统的入侵事件,一个入侵检测系统应具有准确性、可靠性、可用性、适应性、实时性和安全性等特点。它是网络安全技术极其重要的组成部分,目前已成为网络安全研究的一个热点。

2.入侵检测技术的国内外研究现状

入侵检测系统的核心技术发展至今已经历了三代,每个发展阶段有其各自的阶段特征和相应的代表产品,见表 12-1。

表 12-1　入侵检测系统技术发展

发展阶段	阶段特征	主要产品
第一代	基于主机日志分析、模式匹配技术	IDES,DIDS,NSM 等
第二代	基于网络数据包截获、主机系统的审计数据分析技术	ISS RealSecure,Cisco,Snort(2000 年开发代码并免费)等
第三代	基于协议分析、行为异常分析技术和基于网络的 NIDS 与基于主机的 HIDS 的明确分工和合作技术	Network ICE,安氏 Link Trust Network Defender(V6.6)NFR(第二版)等

在国外,知名的入侵检测产品有 Cisco 公司的 NetRanger,Network Associates 公司的 CyberCop,Internet Security System 公司的 RealSecure,Intrusion Detection 公司的 KaneSecurity Monitor 等等。这些产品既有基于主机的也有基于网络的,目前,越来越多的产品都将二者结合起来,这些产品所基于的平台有 UNIX,Linux,Windows 等,分析引擎大多数采用误用检测技术,以 RealSecure 为代表。

在国内,入侵检测市场也发展迅速,主要产品有复旦光华的光华 S—Audit 网络入侵检测与安全审计系统、安氏的领信入侵检测系统、启明星辰的天闻千兆入侵检测与预警系统、东软的入侵监测系统 NetEyeIDS、金诺网安的 KIDS 入侵检测系统、清华紫光的清华紫光入侵检测系统、瑞星科技的瑞星入侵检测系统 RIDS—100、东方龙马的东方龙马入侵检测系统等。总的说来,与国外产品相比,国内产品仍有很大的差距,虽然国内产品数量较多,但多集中在中低端。我国入侵检测技术应用较少,远远谈不到普及,一方面由于用户的认知程度较低,另一方面由于入侵检测技术是一门比较新的技术,还存在一些技术上的困难,大多数入侵检测产品都是近几年才研发成功,还存在一些不足之处。

3.入侵检测系统存在的问题及发展趋势

(1)现有入侵检测系统存在的问题。目前,虽然入侵检测技术已经得到了比较广泛的应用,并且出现了一些商业化产品,但是入侵检测技术仍然存在不少问题,有待继续完善和提高。现有入侵检测系统的主要问题可以归结为以下几点。

1)采用误用检测技术的入侵检测系统中,知识库得不到及时更新。在如今每天都有新漏洞发布和新攻击方法产生的情况下,很多入侵检测系统并不能及时更新攻击特征。

2)采用误用检测技术的入侵检测系统中,对未知的入侵模式适应能力较差。虽然误用检测能够利用已知攻击模式构造规则能够准确而高效地检测出大部分入侵行为,但是这种系统自适应能力太弱,对未知的攻击模式无能为力。

3)采用异常检测技术的入侵检测系统中,虽然它与系统相对无关,通用性较强,并且有可能检测出以前从未出现过的攻击方法,但是其误报率过高。

4)对加密攻击和分布式攻击,入侵检测系统的处理能力较差。随着入侵技术的不断提高,很多攻击已经发展成大规模分布式、协作式、迂回式的攻击,现有的入侵检测系统处理这类攻击的能力还很不理想。另外,现有的绝大多数入侵检测系统根本就没有考虑加密攻击的问题,所以面对此类攻击入侵检测系统根本就无能为力。

5)在高带宽网络环境中,入侵检测系统的性能普遍不足。现在市场上的入侵检测系统产品大多采用的是特征检测技术,这类产品是专门为小于 100M 的共享式网络环境设计的。现在,这种入侵检测产品已经不能很好地适应交换技术和高带宽环境的发展,在大流量冲击、多 IP 分片的情况下都可能造成入侵检测系统的瘫痪或丢包,形成 DoS 攻击。

6)不同入侵检测系统之间的互操作性较差。虽然,相关组织也出台了一些标准,比如 CIDF 和 IDWG 组织定制的一些草案,虽然这些标准具有一定的影响力,但是都还没有得到广泛的认同,未能形成国际统一的标准。大型网络的不同部分可能使用了不同的入侵检测系统,由于缺乏统一的标准,因此,不同的入侵检测系统之间不能交换信息,使得发现攻击时难以找到攻击源头,甚至给入侵者制造了攻击的漏洞。

7)入侵检测系统与其他网络安全产品的互操作差。一个安全的网络必须综合采用各种安全技术,如防火墙、身份认证系统、网络管理系统等。但入侵检测系统还不能很好地和其他安全产品协作。

8)入侵检测系统对自身的安全性考虑不充分。对入侵检测系统本身的攻击手段正逐渐出现,入侵者先使入侵检测系统瘫痪,然后避开入侵检测系统的监视再实施对网络系统的入侵。目前的入侵检测系统自身的安全性、健壮性和免疫力较差,甚至很多入侵检测系统根本就没有考虑自身的安全性问题。

(2)入侵检测技术的发展趋势。在入侵检测技术发展的同时,入侵技术也在不断更新。网络数据采集通常使用共享网段侦听的方法进行,但是随着交换技术的发展和通过加密信道的数据通信技术的出现,使原有数据采集方法愈显不足。因此,为了更好地适应网络安全的需要,入侵检测技术也在不断地发展,可概括为以下几点。

1)大规模分布式入侵检测。第一层含义,针对分布式网络攻击的检测方法;第二层含义,使用分布式的方法来实现分布式的攻击。传统的入侵检测技术一般只局限于单一的主机或网络框架,显然不能适应大规模网络的监测,不同的入侵检测系统之间也不能协同工作。因此,必须发展大规模的分布式入侵检测技术。

2)智能化入侵检测。使用智能化的方法与手段来进行入侵检测。所谓智能化方法,现阶段常用的有神经网络、遗传算法、模糊技术、免疫原理等方法,这些方法常用于入侵特征的辨别与泛化。

3)宽带高速网络的实时发展。大量高速网络的不断涌现,各种宽带接入手段层出不穷,如何实现高速网络下的实时入侵检测成为一个现实问题。

4)数据融合技术的使用。目前的入侵检测系统还存在着很多缺陷。首先,目前的技术还不能对付训练有素的黑客的复杂攻击。其次,系统的误报率太高。最后,系统对大量的数据处理,非但无助于解决问题,还降低了处理能力。数据融合技术是解决这一系列问题的好方法。

5)入侵检测技术与其他网络安全产品联动。结合防火墙,病毒防护以及电子商务技术,提供完整的网络安全保障。

12.2 入侵检测技术概述

本书对入侵检测技术进行概述,并通过对主要异常检测算法、误用检测算法和混合型入侵检测进行比较分析,得出一些有用结论。

1.入侵检测系统模型

最早的入侵检测系统模型是由 Denning 给出的,该模型主要根据主机系统审计记录数据,生成有关系统的若干轮廓,并监测轮廓的变化差异发现系统的入侵行为,如图 12-1 所示。

入侵行为的种类不断增多,涉及的范围不断扩大,而且许多攻击是经过长期准备、网上协作进行的。面对这种情况,入侵检测系统的不同功能组件之间、不同 IDS 之间共享这类攻击信息是十分重要的。为此 Chen 等提出一种通用的入侵检测框架模型,简称 CIDF。该模型认为入侵检测系统由事件产生器(event generators)、事件分析器(event analyzers)、响应单元(response units)和事件数据库(event databases)组成如图 12-2 所示。

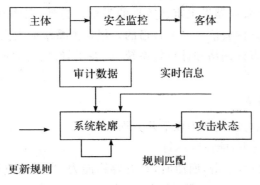

图 12-1 IDES 入侵检测模型

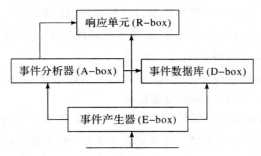

图 12-2 CIDF 各组件之间的关系图

CIDF 将入侵检测系统需要分析的数据统称为事件,它可以是网络中的数据包,也可以是从系统日志等其他途径得到的信息。事件产生器是从整个计算环境中获得事件,并向系统的其他部分提供事件。事件分析器分析所得到的数据,并产生分析结果。响应单元对分析结果做出反应,如切断网络连接、改变文件属性、简单报警等应急响应。事件数据库存放各种中间和最终数据,数据存放的形式既可以是复杂的数据库,也可以是简单的文本文件。CIDF 模型具有很强的扩展性,目前已经得到广泛认同。

2.入侵检测系统的功能

入侵检测是指发现非授权用户企图使用计算机系统或合法用户滥用其特权的行为,这些行为破坏了系统的完整性、机密性及资源的可用性。为完成入侵检测任务而设计的计算机系统称为入侵检测系统。入侵检测系统的功能可以概括为以下六方面。

1) 监视并分析用户和系统的活动,查找非法用户和合法用户的越权操作;

2) 检测系统配置的正确性和安全漏洞,并提示管理员修补漏洞;

3) 对用户的非正常活动进行统计分析,发现入侵行为的规律;

4) 评估系统关键资源和数据文件的完整性;

5) 能够实时对检测到的入侵行为做出反应;

6) 操作系统的审计跟踪管理,并识别用户违反安全策略的行为。

根据以上对入侵检测系统功能的概括,可以把它的功能结构分为两大部分:中心检测平台和代理服务器。代理服务器是负责从各个操作系统中采集审计数据,并把审计数据转换成与平台无关的格式后传送到中心检测平台,或把中心平台的审计数据要求传送到各个操作系统中。而中心检测平台由专家系统、知识库和管理员组成,其功能是根据代理服务器采集来的审计数据进行专家系统分析,产生系统安全报告。管理员可以向各个主机提供安全管理功能,根据专家系统的分析向各个服务器发出审计数据的需求。另外,在中心检测平台和代理服务器之间是通过安全的 RPC 进行通信。一个合格的入侵检测系统能大大简化管理员的工作,使管理员能够更容易地监视、审计网络和计算机系统,扩展了管理员的安全管理能力,保证网络和计算机系统安全地运行。

3. 入侵检测系统的特点

入侵检测系统的特点可以概括为以下几方面。

1)人很少干预的情况下,能连续运行。

2)系统由于事故或恶意攻击,崩溃时,具有容错能力. 当系统重新启动时,NI DS 能自动恢复自己的状态。

3)它必须能抗攻击。NIDS 必须能监测自己的运行,检测自身是否被黑客修改。

4)运行时,尽可能少地占用系统资源,以免干扰系统的正常运行。

5)对被监控系统的安全策略,可以进行配置。

6)必须能适应系统和用户行为的变化,如系统中增加了新的应用,或用户的应用改变。

7)当要实时监控大量主机时,系统应能扩展。

8)NIDS 一些部件因为某些原因停止工作时,应尽量减少对其他部分的影响。

9)系统应能允许动态配置当系统管理员修改配置时,不需要重新启动配置。

4. 入侵检测技术的分类

根据检测技术分类,入侵检测技术主要分为两类,即误用检测(misuse detection)和异常检测(abnormalde−section)。误用检测是建立在使用某种模式或者特征描述方法对任何已知攻击进行表达这一理论基础上的。误用检测系统是将已知的攻击特征和系统弱点进行编码,存入知识库中,入侵检测系统(IDS)将所监视的事件与知识库中的攻击模式进行匹配,当发现有匹配时,认为有入侵发生,从而触发相应机制。异常检测则是基于已掌握了被保护对象的正常工作模式,并假定正常工作模式相对稳定,有入侵发生时,用户或系统的行为模式会发生一定程度的改变。一般方法是建立一个对应"正常活动"的系统或用户的正常轮廓,检测入侵活动时,异常检测程序产生当前的活动轮廓并同正常轮廓比较,当活动轮廓与正常轮廓发生显著偏离时即认为是入侵,从而触发相应机制。

根据检测数据的来源分类,入侵检测系统(IDS)可以分成 3 类:基于主机型(Host−Based)、基于网络型(Network−Based)和基于代理型(Agent−Based)3 种。① 基于主机的入侵检测系统用于监视主机系统和系统本地用户。它通过分析审计数据和系统的日志来发现可疑连接、非法访问等入侵事件。它可以运行在被检测的主机或单独的主机上。这种系统的优点是可以精确地判断入侵事件并可对入侵事件立即做出反应。缺点是主机的审计信息易受攻击,攻击者也可以使用某些系统特权或调用比审计本身更低的操作来逃避审计。② 基于网络的入侵检测系统用于监视网络关键路径信息。它通过分析网络流量、网络协议等来检测可能的入侵。它可以被安装在局域网网段或防火墙后面。这种系统的优点是可以实时监视网络,监视粒度可以更细。它的缺点是只能监视本网段的活动,检测精度较差。③ 基于代理的入侵检测系统用于监视大型网络系统。随着网络系统的复杂化和大型化,系统弱点趋于分布式,而且攻击行为也表现为相互协作式的特点,所以不同的 IDS 之间需要共享信息,协同检测。整个系统可以由一个中央监控器和多个代理组成。中央监视器负责对整个监视系统的管理,它应该处于一个相对安全的地方。代理则被安放在被监视的主机上(如服务器、交换机、路由器等)。代理负责对某一主机的活动进行监视,如收集主机运行时的审计数据和操作系统的数据信息,然后将这些数据传送到中央监视器。代理也可以接受中央监控器的指令。这种系统的优点是可以对大型分布式网络进行检测。

按照控制策略分类,IDS 划分为集中式 IDS、部分分布式 IDS 和全部分布式 IDS。控制策略描述了 IDS 的各元素是如何控制的,以及 IDS 的输入和输出是如何管理的。在集中式 IDS 中,一个中央节点控制系统中所有的监视、检测和报告。集中式 IDS 中有以下一些关键问题需要解决:各系统组件的灵活启动和终止问题、它们之间信息的保护问题、它们发出的信息有效性验证等问题。在部分分布式 IDS 中,监控和探测是由本地的一个控制点控制,层次式地将报告发向一个或多个中心站。在全部分布式 IDS 中,监控和探测是使用一种叫"代理"的方法,代理进行分析并做出响应决策。

按照同步技术分类,IDS 划分为间隔批任务处理型 IDS 和实时连续型 IDS。同步技术指的是在监控的事件和对这些事件的分析之间经过的时间。在间隔批任务处理型 IDS 中信息源是以文件的形式传给分析器,一次只处理特定时间段内产生的信息,并在入侵发生时将结果反馈给用户。很多早期的基于主机的 IDS 都使用这种方案,因为早期的 IDS 受到系统的速度和通信带宽的影响。在实时连续型 IDS 中,事件一发生,信息源就传给分析引擎,并且立刻得到处理和反应。实时 IDS 是基于网络 IDS 首选的方案。

按照响应方式分类,IDS 划分为主动响应 IDS 和被动响应 IDS。一旦 IDS 获得了事件信息并做分析发现了攻击症状,它们将产生响应,有些响应将结果报告到指定的地点。当特定类型的入侵被检测到时,主动响应 IDS 会采取 3 种自动的响应行为:收集辅助信息,对一个怀疑的攻击采取进一步收集辅助信息,这是最无害的也是使用最多的方法;改变环境以堵住导致入侵发生的漏洞,这也是一种"自疫"或"免疫"系统的研究;对攻击者采取行动,这是一种激进的做法,是一种不推荐的做法。被动响应 IDS 将信息提供给系统用户,依靠管理员在这一信息的基础上采取进一步的行动。它又分为如下几种方式:报警和通知;SNMP 俘获和插入;报告和存档。

5.异常检测算法概述

异常检测的前提是异常行为包括入侵行为。理想情况下,异常行为集合等同于入侵行为集合,此时,如果 IDS 能够检测所有的异常行为,就表明能够检测所有的入侵行为。但是在现实中,入侵行为集合通常不等同于异常行为集合。事实上,行为有以下 4 种状况:①行为是入侵行为,但不表现异常;②行为不是入侵行为,却表现异常;③行为既不是入侵行为,也不表现异常;④行为是入侵行为,且表现异常。异常检测方法的基本思路是构造异常行为集合,从中发现入侵行为。异常检测依赖于异常模型的建立,不同模型构成不同的检测方法。异常检测需要获得入侵的先验概率,如何获得这些入侵先验概率就成为异常检测方法是否成功的关键问题。现在介绍不同的异常入侵检测方法。

(1)基于特征选择的异常检测方法。基于特征选择的异常检测方法,是指从一组度量中选择能够检测出入侵的度量,构成子集,从而预测或分类入侵行为。异常入侵检测方法的关键是,在异常行为和入侵行为之间做出正确判断。但是,选择合适的度量是困难的,因为选择度量子集依赖于所检测的入侵类型,一个度量集并不能适应所有的入侵类型。预先确定特定的度量,可能会漏报入侵行为。理想的入侵检测度量集,必须能够动态地进行判断和决策。假设与入侵潜在相关的度量有 n 个,则 n 个度量构成 2 个子集。由于搜索空间同度量数之间是指数关系,所以穷尽搜索理想的度量子集,其开销是无法容忍的。Maccabe 提出应用遗传方法搜索整个度量子空间,以寻找正确的度量子集。其方法是通过学习分类器方案,生成遗传交叉算子和基因突变算子,允许搜索的空间大小比其他启发式搜索技术更加有效。

(2)基于贝叶斯推理的异常检测方法。基于贝叶斯推理的异常检测方法,是指在任意给定的时刻,测量 A1,A2,An 变量值,推理判断系统是否发生入侵行为。其中,每个变量 A_i 表示系统某一方面的特征,例如磁盘 I/O 的活动数量、系统中页面出错的数目等。假定变量 A_i 可以取两个值 1 表示异常,0 表示正常。令 I 表示系统当前遭受入侵攻击。每个异常变量 A_i 的异常可靠性和敏感性分别用 $P(A_i=1 \mid I)$ 和 $P(A_i=1 \mid \neg I)$ 表是,在给定每个 A_i 值的条件下,由贝叶斯定理得出 I 的可信度为

$$P(I \mid A_1,A_2,\ldots\ldots A_n) = P(A_1,A_2,\ldots\ldots A_n \mid I)\frac{P(I)}{P(A_1,A_2,\ldots\ldots A_n)}$$

其中,要求给出 I 和 $\neg I$ 的联合分布。假设每个测量 A_i 仅与 I 相关,与其他的测量条件 $A_j(i \neq j)$ 无关,则有

$$P(A_1,A_2,\ldots\ldots A_n \mid I) = \prod_{i=1}^{n}P(A_i \mid I)$$

$$P(A_1,A_2,\ldots\ldots A_n \mid \neg I) = \prod_{i=1}^{n}P(A_i \mid \neg I)$$

从而可得

$$\frac{P(I \mid A_1,A_2,\ldots\ldots A_n)}{P(\neg I \mid A_1,A_2,\ldots\ldots A_n)} = \frac{P(I)}{P(\neg I)}\frac{\prod_{i=1}^{n}P(A_i \mid I)}{\prod_{i=1}^{n}P(A_i \mid \neg I)}$$

因此,根据各种异常测量的值、入侵的先验概率、入侵发生时每种测量得到的异常概率,能够判断系统入侵的概率。但是为了保证检测的准确性,还需要考查各测量 A_i 之间的独立性。一种方法是通过相关性分析,确定各异常变量与入侵的关系。

(3)基于贝叶斯网络的异常检测方法。贝叶斯网络实现了贝叶斯定理揭示的学习功能,用于发现大量变量之间的关系,是进行预测和数据分类的有力工具。基于贝叶斯网络的异常检测方法,是指建立异常入侵检测的贝叶斯网络,通过它分析异常测量结果。贝叶斯网络允许以图形方式表示随机变量之间的相关关系,并通过指定的一个小的与邻接结点相关的概率集计算随机变量的联合概率分布。按给定全部结点组合,所有根结点的先验概率和非根结点概率构成这个集。贝叶斯网络是一个有向图 DAG,在 DAG 中,弧表示父结点与子结点之间的依赖关系。这样,当随机变量的值变为已知时,就允许将它吸收为证据,为其他的剩余随机变量条件值判断提供计算框架。需要解决的关键课题是,判断根结点的先验概率值与确定每个有向弧的连接矩阵。Valdes 和 Skinner 提出了一个基于贝叶斯网络的异常检测模型 eBayes TCP 用于发现网络中针对 TCP 协议的入侵行为。

(4)基于模式预测的异常检测方法。基于模式预测的异常检测方法的前提条件是,事件序列不是随机发生的而是服从某种可辨别的模式,其特点是考虑了事件序列之间的相互联系。Teng 和 Chen 给出一种基于时间的推理方法,利用时间规则识别用户正常行为模式的特征。通过归纳学习产生这些规则集,并能动态地修改系统中的这些规则,使之具有较高的预测性、准确性和可信度。如果规则大部分时间是正确的,并能够成功地用于预测所观察到的数据,那么规则就具有较高的可信度。

例如,TIM(time-based inductive machine)给出下述产生规则

$$(E1! \ E2! \ E3)(E4=95\%,E5=5\%)$$

其中 E1~E5 表示安全事件。上述规则说明,事件发生的顺序是 E1,E2,E3,E4,E5。事件 E4 发生的概率是 95%,事件 E5 发生的概率是 5%。通过事件中的临时关系,TIM 能够产生更多的通用规则。根据观察到的用户行为,归纳产生出一套规则集,构成用户的行为轮廓框架。如果观测到的事件序列匹配规则的左边,而后续的事件显著地背离根据规则预测到的事件,那么系统就可以检测出这种偏离,表明用户操作异常。这种方法的主要优点有:①能较好地处理变化多样的用户行为,并具有很强的时序模式;②能够集中考察少数几个相关的安全事件,而不是关注可疑的整个登录会话过程;③容易发现针对检测系统的攻击。

(5)基于贝叶斯聚类的异常检测方法。基于贝叶斯聚类的异常检测方法,是指在数据中发现不同数据类集合。这些类反映了基本的类属关系,同类成员比其他成员更相似,以此可以区分异常用户类,进而推断入侵事件发生。Cheeseman 和 Stutz 在 1995 年提出的自动分类程序 autoclass program 是一种无监督数据分类技术。

Autoclass 应用贝叶斯统计技术,对给定的数据进行搜索分类。其优点是:根据给定的数据,自动判断并确定类型数目;不要求特别的相似测量、停顿规则和聚类准则;可以混合连续属性与离散属性。

基于统计的异常检测方法对所观测到的行为分类处理,到目前为止,所使用的技术主要是监督式的分类,即根据观测到的用户行为建立用户行为轮廓。而贝叶斯分类方法允许理想化的分类数、具有相似轮廓的用户群组以及遵从符合用户特征集的自然分类。但是,该方法目前只限于理论讨论,还没有实际应用。自动分类程序怎样处理固有的次序性数据,在分类中如何考虑统计分布特性等问题,还没有很好地解决。由于统计方法的固有特性,自动分类程序还存在异常阈值的选择和防止攻击者干扰类型分布等问题。

(6)基于机器学习的异常检测方法。基于机器学习的异常检测方法,是指通过机器学习实现入侵检测,其主要方法有死记硬背、监督学习、归纳学习、类比学习等。Carla 和 Brodley 将异常检测问题归结为,根据离散数据临时序列特征学习获得个体,系统和网络的行为特征;并提出了一个基于相似度的实例学习方法 IBL(instance based learning)该方法通过新的序列相似度计算,将原始数据如离散事件流和无序的记录转化成可度量的空间。然后,应用 IBL 学习技术和一种新的基于序列的分类方法,发现异常类型事件,从而检测入侵行为。其中,阈值的选取由成员分类的概率决定。

新的序列相似度定义如下:

设 l 表示长度,序列 $X=(x_0,x_1,\ldots\ldots x_{l-1})$ 和 $Y=(y_0,y_1,\ldots\ldots y_{l-1})$

$$w(X,Y,i)=\begin{cases}0, & \text{if } i<0 \text{ or } x_i \neq y_i,\\ 1+w(X,Y,i-1) & \text{if } x_i=y_i\end{cases}$$

$$Sim(X,Y)=\sum_{i=0}^{l-1}w(X,Y,i)$$

$$Dist(X,Y)=Sim_{max}-Sim(X,Y)$$

令 D 表示用户的模式库,由一系列的序列构成,X 表示最新观测到的用户序列,则

$$Sim_D(X)=\max_{Y\subset D}\{Sim(Y,X)\}$$

上式用于分类识别,检测异常序列。实验结果表明这种方法检测迅速,而且误报率低。然

而,这种方法对于用户动态行为变化以及单独异常检测还有待改善。总之,机器学习中许多模式识别技术对于入侵检测都有参考价值,特别是用于发现新的攻击行为。

(7)基于数据挖掘的异常检测方法。计算机联网导致大量审计记录,而且审计记录大多数以文件形式存放(如 UNIX 系统中的 Sulog)。因此,单纯依靠人工方法发现记录中的异常现象是困难的,难以发现审计记录之间的相互关系。Lee 和 Stolfo 将数据挖掘技术引入入侵检测领域,从审计数据或数据流中提取感兴趣的知识。这些知识是隐含的、事先未知的潜在有用信息。提取的知识表示为概念、规则、规律、模式等形式,并用这些知识检测异常入侵和已知的入侵。基于数据挖掘的异常检测方法,目前已有 KDD 算法可以应用。这种方法的优点是,适于处理大量数据。但是,对于实时入侵检测,这种方法还需要加以改进,需要开发出有效的数据挖掘算法和相应的体系。数据挖掘的优点在于处理大量数据的能力与进行数据关联分析的能力。因此,基于数据挖掘的检测算法将会在入侵预警方面发挥优势。

(8)基于应用模式的异常检测方法。一般来说,入侵行为与应用联系密切。因此,对特定应用行为建模,发现异常入侵行为是一种可行的方法。Krugel 等人提出一种基于服务相关的网络异常检测算法,用服务请求类型(type of request)、服务请求长度(length of request)、服务请求包大小分布(payload distribution)计算网络服务的异常值。异常值的计算公式为

$$AS = 0.3 \cdot AS_{type} + 0.3 AS_{len} + 0.4 \cdot AS_{pd}$$

式中 Astype、ASlen 和 ASpd 分别表示服务请求类型、服务请求长度和服务请求包的异常值。该方法利用已知的攻击方法训练异常阈值,在实际检测中,通过实时计算出的异常值和所训练出的阈值作比较,分析判断是否有针对某种网络服务的攻击发生。

(9)基于文本分类异常检测方法。基于文本分类的异常检测方法由 Liao 和 Vemuri 提出,其基本原理是将程序的系统调用视为某个文档中的“字”,而进程运行所产生的系统调用集合就产生一个“文档”。对于每个进程所产生“文档”,利用 K 最近邻聚类(K — nearest neighbor)文本分类算法,分析文档的相似性,发现异常的系统调用,从而检测入侵行为。

6.误用检测算法概述

误用入侵检测的前提是,入侵行为能按某种方式进行特征编码。入侵检测的过程,主要是模式匹配的过程。入侵特征描述了安全事件或其他误用事件的特征、条件、排列和关系。特征构造方式有多种,因此误用检测方法也多种多样。现在介绍几种主要的误用检测方法。

(1)基于条件概率的误用检测方法。基于条件概率的误用检测方法,系指将入侵方式对应一个事件序列,然后观测事件发生序列,应用贝叶斯定理,进行推理推测入侵行为。令 ES 表示事件序列,先验概率为 P(intrusion),后验概率为 P(ES|intrusion),事件出现概率为 P(ES),则

$$P(\text{Instrusion} \mid ES) = P(ES \mid \text{Instrusion}) \frac{P(\text{Instrusion})}{P(ES)}$$

通常网络安全员可以给出先验概率 P(intrusion),对入侵报告数据统计处理得出

P(ES | Instrusion) 和 P(ES |? Instrusion),于是可以得出

P(ES) = ((P(ES | Instrusion) − P(ES |? Instrusion)) • P(Instrusion) + P(ES | ¬Instrusion)

因此,可以通过事件序列的观测推算出 P(Instrusion|ES)。基于条件概率的误用检测方法,是基于概率论的一种通用方法。它是对贝叶斯方法的改进,其缺点是先验概率难以给出,

而且事件的独立性难以满足。

（2）基于状态迁移分析的误用检测方法。状态迁移分析方法以状态图表示攻击特征，不同状态刻画了系统某一时刻的特征。初始状态对应于入侵开始前的系统状态危害状态对应于已成功入侵时刻的系统状态初始状态，与危害状态之间的迁移可能有一个或多个中间状态。攻击者执行一系列操作，使状态发生迁移可能使系统从初始状态迁移到危害状态。因此，通过检查系统的状态就能够发现系统中的入侵行为。采用该方法的 IDS 有 STAT（state transition analysis technique）和 USTAT（state transition analysis tool for UNIX）。

（3）基于键盘监控的误用检测方法。基于键盘监控的误用检测方法，假设入侵行为对应特定的击键序列模式，然后监测用户击键模式，并将这一模式与入侵模式匹配发现入侵行为。这种方法的缺点是，在没有操作系统支持的情况下，缺少捕获用户击键的可靠方法。此外，也可能存在多种击键方式表示同一种攻击。而且，如果没有击键语义分析，用户提供别名（例如 Korn shell）很容易欺骗这种检测技术。最后，该方法不能够检测恶意程序的自动攻击。

（4）基于规则的误用检测方法。基于规则的误用检测方法（rule－based misuse detection），系指将攻击行为或入侵模式表示成一种规则，只要符合规则就认定它是一种入侵行为。Snort 入侵检测系统就采用了基于规则的误用检测方法。基于规则的误用检测按规则组成方式分为以下两类：

1）向前推理规则。根据收集到的数据，规则按预定结果进行推理，直到推出结果时为止。这种方法的优点是，能够比较准确地检测入侵行为，误报率低；其缺点是，无法检测未知的入侵行为。目前，大部分 IDS 采用这种方法。

2）向后推理规则。由结果推测可能发生的原因，然后再根据收集到的信息判断真正发生的原因。因此，这种方法的优点是，可以检测未知的入侵行为，但缺点是，误报率高。

7.混合型入侵检测

（1）基于规范的检测方法。Ko 等提出了一种介于异常检测和误用检测之间的入侵检测方法，称之为基于规范的入侵检测方法（specification－based intrusion detection），用于发现对系统特权程序的入侵行。为其基本原理是，用一种策略描述语言 PE－grammars，定义系统特权程序的有关安全的操作执行序列。每个特权程序都有一组安全操作序列，这些操作序列构成特权程序的安全跟踪策略（trace policy）若特权程序的操作序列不符合已定义的操作序列，就进行入侵报警。这种方法的优点是，不仅能够发现已知的攻击，而且也能发现未知的攻击。

（2）基于生物免疫的检测方法。基于生物免疫的检测方法，系指模仿生物有机体的免疫系统工作机制，使受保护的系统能够将"非自我"（non－self）的攻击行为与"自我"（self）的合法行为区分开来。该方法综合了异常检测和误用检测两种方法，其关键技术在于构造系统"自我"标志以及标志演变方法。

（3）基于伪装的检测方法。基于伪装的检测方法，系指将一些虚假的信息提供给入侵者，如果入侵者应用这些信息攻击系统，就可以推断系统正在遭受入侵；并且还可以诱惑入侵者，进一步跟踪入侵的来源。

（4）基于入侵报警的关联检测方法。目前，入侵检测系统的检测方法，基本上都是从检测可疑事件入手，这样就无法防止误报警和重复报警。对于各种报警信息没有进行关联分析，只能起到记录可疑事件的作用。如果报警信息量过大，会使安全管理人员无所适从，导致 IDS 的作用受到限制。并且，网络攻击者也会在攻击之前故意制造大量的可疑事件，以降低入侵检测系统的警觉,使真实入侵事件淹没在大量的可疑事件之中。因此,对报警信息的分析处理成为当前的研究热点。其研究方法可以分为三类:第一类基于报警数据的相似性进行报警关联分析;第二类通过人为设置参数或通过机器学习的方法进行报警关联分析;第三类根据某种攻击的条件与结果(preconditions and consequences)进行报警关联分析。基于入侵报警的关联检测方法,有助于在大量报警数据中挖掘出潜在的关联安全事件,消除冗余安全事件,找出报警事件的相关度及关联关系,从而提高入侵判定的准确性。

8.各种入侵检测算法的比较分析

(1)异常检测算法分析。异常检测是基于已掌握了被保护对象的正常工作模式,并假定正常工作模式相对稳定,当有入侵发生时,用户或系统的行为模式会发生一定程度的改变。一般方法是建立一个对应“正常活动”的系统或用户的正常轮廓,检测入侵活动时,异常检测程序产生当前的活动轮廓并同正常轮廓比较,当活动轮廓与正常轮廓发生显著偏离时即认为是入侵,从而触发相应机制。异常检测与系统相对无关,通用性较强。它最大的优点是有可能检测出以前从未出现过的攻击方法,不像误用检测那样受已知脆弱性的限制,然而其误报率过高。

通过对上述异常检测的入侵检测算法的分析不难发现,异常检测的检测效果主要取决于系统对“正常轮廓”的生成和系统对“非正常轮廓”判断的准确程度。在前面讨论的基于特征选择的异常检测方法、基于贝叶斯推理的异常检测方法、基于贝叶斯网络的异常检测方法、基于模式预测的异常检测方法、基于贝叶斯聚类的异常检测方法、基于机器学习的异常检测方法、基于数据挖掘的异常检测方法、基于应用模式的异常检测方法、基于文本分类异常检测方法等各种算法中,都试图通过某种算法建立一种更加高效和更加合理的“正常轮廓”,从而实现既能最大限度的检测出没出现过的攻击方式,又能大幅度地降低误报率。显然,“正常轮廓”的建立是异常检测技术重点研究的问题之一。

(2)误用入侵检测算法。误用检测是建立在使用某种模式或者特征描述方法对任何已知攻击进行表达这一理论基础上的。误用检测系统是将已知的攻击特征和系统弱点进行编码,存入知识库中,入侵检测系统(IDS)将所监视的事件与知识库中的攻击模式进行匹配,当发现有匹配时,认为有入侵发生,从而触发相应机制。这种技术的优点是可以有针对性地建立高效的入侵检测系统,误报率低;缺点是对未知的入侵活动或已知入侵活动的变异无能为力,攻击特征提取困难,需要不断更新知识库。

通过对上述各种误用检测算法的分析不难发现,误用检测虽然有针对性地建立高效的入侵检测系统,误报率低,但是它的检测效果直接取决于知识库的建立,如果不能及时有效地更新知识库,必然会对未知的入侵活动或已知入侵活动的变异无能为力。或者说,误用检测是“被动”的,它总是将已有的攻击方式添加到知识库中,在入侵方式的出现和能够进行入侵检测之间存在一个时间差,而且在实际的应用中,对这个时间差的控制上是比较困难的。

(3)混合型入侵检测。混合型入侵检测试图通过采纳异常检测和误用检测方法各自的优点,摒弃二者的缺点来达到较好的检测效果。这种方法的优点是不仅误报率较低,而且也能发现未知的攻击。前面讨论的基于规范的检测方法、基于生物免疫的检测方法、基于伪装的检测方法、基于入侵报警的关联检测方法等方法,试图通过算法设计或结构设计,将异常检测和误用检测方法相结合,从而进一步提高入侵检测系统的性能。

12.3 模式匹配算法

本章主要介绍误用检测技术中的模式匹配算法,对列举的模式匹配算进行了系统全面的分析比较,并进一步分析了模式匹配技术的原理和缺陷。

误用检测中使用的检测技术主要有:模式匹配、专家系统、状态转移等,因为模式匹配原理简单、可扩展性好而最为常用。模式匹配算法是网络入侵检测中的关键所在,它直接影响到网络入侵检测系统的实时检测性能。例如,著名的入侵检测系统 Snort 就是基于模式匹配算法的。

1. KMP 算法

D. Knuth、J. Morris 和 V. Pratt 提出一种快速模式匹配算法,称为"KMP 算法"。

(1)算法描述。KMP 算法的描述如下:假设在模式匹配过程中,当前正执行到比较字符 ti 和 pj(1≤i≤n,1≤j≤m):

1)若 ti=pj,则继续向右匹配,即检查 ti+1 和 pj+1 是否匹配;

2)若 $t_i \neq p_j$,则考虑下列两种情况:

若 j=1,则执行 ti+1 和 p1 的匹配检查,这相当于把模式、正文向右移动一个字符位置后再从头进行匹配。

若 $1 < j \leq m$,则需要选择模式的某个适当的下标,记作 next[j],执行 ti 和 pnext[j] 的匹配。此时,相当于把模式、正文向右移动 j−next[j] 个字符,模式中 next[j] 位置前面的各字符已与正文中 i 位置前的字符匹配,因此只需从模式的 next[j] 位置的字符开始继续匹配即可。

3)重复上述过程直到 $j>m$ 或者 $i>n-m+1$ 为止。

KMP 算法的核心是构造 next 函数。当 $1 \leq j \leq m$ 时,next[j]定义如下:

$$\text{next}[j] = \begin{cases} \max\{k:1 < k < j, \text{使得 } p[1......k-1] = p[j-(k-1)...j-1] \\ 1, \text{对于所有的 } k:1 < k < j, p[j-(k-1)...j-1] \neq p[1...k-1] \end{cases}$$

(2)算法分析。KMP 算法分析:BM 算法预处理时间复杂度为 O(m+s),空间复杂度为 O(s),s 是与 P,T 相关的有限字符集长度,搜索阶段时间复杂度为 O(mn)。最坏情况下要进行 3n 次比较,最好情况下的时间复杂度为 O(n /m)。

KMP 算法的优点:它跟普通的模式匹配算法(如 BM 算法)有了很大的改进,在匹配的过程中,经常遇到不是从第一个字符开始就匹配的,也就是说在模式字符串的长度范围内,遇到不匹配的字符时,直接将指针跳跃到下一个字符进行再次扫描,这样就将模式、正文大幅度地"划过"一段距离,从而提高了效率。

KMP 算法的缺点:考虑到在匹配的过程中,不少情形是前面的许多字符都匹配而最后的若干个字符不匹配,这时若采取从左到右的方式扫描的话将会浪费许多时间。

2. Boyer—Moore(BM)算法

BM 算法是一种快速的单模式匹配算法,考虑到在匹配的过程中,不少情形是前面的许多字符都匹配而最后的若干个字符不匹配,这时若采取从左到右的方式扫描的话将浪费许多时间,因此,改为从右至左的方式扫描模式和正文,这样一旦发现正文中出现模式中没有的字符时就可以将模式、正文大幅度地"划过"一段距离。著名的轻量级入侵检测系统 Snort 采用的就是 BM 算法。

(1)算法描述。BM 算法根据预先计算好的两个数组将模式向右移动尽可能远的距离,这两个数组为 Shift 和 Skip。假设有长度为 n 的文本字符串 T＝T1T2…Tn 和长度为 m (m≤n)的模式字符串 P＝P1P2…Pm,BM 算法的基本思想是:

1)匹配从右至左进行。

2)若匹配失败发生在 Pj≠Ti,且 Ti 不出现在模式 T 中,则将模式右移直到 P1 位于匹配失败位置 Ti 的右边第一位(即 Ti+1 位);若 Ti 在 P 中有若干地方出现,则选择 j＝max{K|PK＝Ti},即通过 Skip 函数计算文本字符 Ti 失配时模式向右移动的距离,也称坏字符启发。

3)若模式后面 k 位与文本 T 中一致的部分有一部分在 P 中其他地方出现,则可以将 P 向右移动,直接使这部分对齐,且要求这一部分尽可能大,Shift 函数通过对已经匹配部分的考查决定模式向右移动的距离,也称好后缀启发。

例如:正文为"substring/search/algorithm",模式串为"search"。利用 BM 算法执行的步骤为:

$$\begin{cases} substring\,searcha\,lgorithm\ \text{正文} \\ search\ \text{模式串} \end{cases}$$

dist[s]＝6,dist[e]＝4,dist[a]＝3,dist[r]＝2,dist[c]＝1,其余字符的 dist[]函数为 6。

第一次比较:i＝6,dist[r]＝2,所以正文向右移动两个字符,从第 8 个字符开始比较;

第二次比较:i＝8,dist[n]＝6,所以正文向右移动 6 个字符,从第 14 个字符开始比较;

第三次比较:i＝14,dist[c]＝1,所以正文向右移动 1 个字符,从第 15 个字符开始比较;

第四次比较:匹配成功

(2)算法分析

BM 算法分析:BM 算法预处理时间复杂度为 O(m+s),空间复杂度为 O(s),s 是与 P,T 相关的有限字符集长度,搜索阶段时间复杂度为 O(mn)。最坏情况下要进行 3n 次比较,最好情况下的时间复杂度为 O(n/m)。

BM 算法的优点:因为在实际应用中,字典表中大部分字符根本不出现在模式串中,所以应用 BM 算法可以大大加快了字符串匹配的速度。也就是说虽然计算滑动距离函数 d(x)算法的时间复杂性是 O(mn),但是在实际应用中这种几乎所有位置都匹配的情形极少出现,因此 BM 算法是一种十分有效的单模式匹配算法。

BM 算法的缺点:BM 算法在模式匹配过程中,从右至左的方式扫描模式和正文,这样一旦发现串与字符串中某字符失配时,就将模式、正文大幅度地"划过"一段距离。这样做虽然在很多时候提高了匹配效率,但是显然并不是在任何时候都是最有的选择,该算法仍然存在进一步改进的空间。

3.BMH 算法

针对 BM 算法存在的缺点,Horspool 提出了改进和简化了的 BM 算法即 BMH 算法。该算法的思想是计算模式右移量与失配时的情况无关,计算右移量不考虑正文中那个字符造成失配,而是简单使用正文中与模式最右端对齐的字符来决定右移量。

(1)算法描述。如果模式串与字符串中某字符失配,则字符串中与模式串最右端对齐的字符如不在模式串中,则模式串向右移动 m 个位置(假定模式串长度为 m);如果在模式串中,则根据计算好的 skip 数组模式串向右移动一定的距离。

下面是求 skip 数组的函数算法：

```
int * GetSkip(char * p,int pLen)
{int i, * skip=(int * )calloc(|∑|,sizeof(int));
for(i=0;i<|∑|;i++)skip[i]=pLen;
for(i=0;i<pLen-1;i++)skip[p[i]]=pLen-i-1;
return skip;}
```

其中，$|\sum|$为字符串中的字符集数目,例如由字母组成的字符串,则$|\sum|$为 26。

BMH 匹配算法如下：

```
int BmhSearch(char * t,int tLen,char * p,int pLen,int * skip)
{//t 为指向负载字符串的字符指针,p 为指向模式串的地址,skip 为字符移动距离数组。
int i=0,j;
while(i<=tLen-pLen)
{for(j=pLen-1;j>=0&&p[j]==t[j+i];j--);
if(j<0)
return i;
i+=skip[t[i]];}
return-1;}
```

（2）算法描述。BMH 算法分析:时间复杂度为$O(m+s)$,空间复杂度为$O(s)$,搜索阶段时间复杂度为$O(mn)$。

BMH 算法的优点:在一般情况下,BMH 算法比 BM 有更好的性能,它只使用了一个数组,简化了初始化过程,省去了求最大值的计算。理论上,BMH 算法在最坏情况下复杂度为$O(mn)$,但在一般情况下比 BM 有更好的性能。在实际使用中该算法时间复杂度为$O(m+n)$。

BMH 算法的缺点:BMH 算法与 KMP 算法、BM 算法等算法相比有了很大的进步,但是在实际的应用过程中,随着入侵方式、方法的发展,入侵检测匹配规则也在急剧增加,这就使得仅用单模式匹配算法进行字符串匹配,速度是远远不够的。因此我们需要采用多模式匹配算法来减少匹配次数,提高匹配算法。

4. AC 算法

在多模式匹配算法中 Aho-Corasick（简称 AC）自动机匹配算法是最著名的算法之一,AC 算法基于一种模式树（Trie）。

（1）AC 算法描述。模式树 T 具备以下性质:

1）T 的每一条边 e 上都用一个字符作为标签;

2）与同一节点相连的边上的标签均不同;

3）对于每一个模式$p \in p$,都存在一个节点 v,使得 L(v)=p,其中 L(v)表示从根节点到节点 v 所经过的所有边上的标签的拼接;

4）每一个叶子节点 v' 都存在一个模式 $p \in P$,使得 L(v')=p 对于模式集 P={he,she,his,hers}模式树如图 12-3 所示。

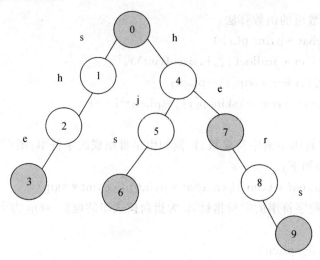

图 12-3

其中圆圈表示节点,浅色圈表示根节点,边上的字符就使该边的标签,深色圈的标签就是各个模式。

AC 算法是同时搜索多个模式的经典匹配算法。该算法在预处理阶段,把模式树的各个节点当作状态,根节点当作初始状态,标签为模式的节点作为终态,同时增加两个功能函数:转向函数 g 和失效函数 f 作为转移函数,将模式树扩展成为一个树型有限自动机。由模式树扩展所得的 AC 自动机 M 是一个六元组:

$$M = (Q, \sum, g, f, q, F)$$

式中

1)Q 是有穷状态集(模式树上的节点);

2)$\sum$ 是有穷的输入字符表(数据包中可能出现的所有字符);

3)g 是转移函数,该函数定义如下:

g(s,a):从当前状态 s 开始,沿着边上标签为 a 的路径到所有的状态。假如(u,v)边上的标签为 a,那么 g(u,a)=v;如果根节点上出来的边上的标签没有 a,则 g(0,a)=0,也就是如果没有匹配的字符出现,自动机停留在初始状态;

4)f(不匹配时自动机的状态转移)是转移函数,该函数的定如下:

f(s):当 w 是 L(s)最长真后缀并且 w 是某个模式的前缀,那么 f(s)就是以 w 为标签的那个节点;

5)$q_0 \in Q$ 是初始状态(根节点,标识符为 0);

6)$F \subseteq Q$,是终结状态集(以模式为标签的结点集)。

这样,在主串中查找模式的过程转化成在模式树中的查找过程。查找一个串 T 时从模式树的根节点开始,沿着以 T 中字符为标签的路径往下走:

1)若自动机能够抵达终态 v,则说明 T 中存在模式 L(v);

2)否则说明不存在模式。

AC 算法利用多个模式串构建一个优先状态模式匹配自动机。自动机是结构化的,这样每个前缀都可用唯一的状态来标志,甚至是那些多个模式的前缀。当文本中的下一个字符不是模式中预期的下一个字符中的一个时,会出现一个失败链指向该状态,代表最长的模式前缀,同时也是当前状态的相应前缀。但是 AC 算法在对输入串进行搜索时没有跳跃,而是按顺序输入,无法跳过没必要的比较,因此在规则不是非常多的实际搜索过程中,AC 算法性能不佳。

(2)算法分析。AC 算法分析:时间复杂度是 $O(n)$,而且与模式集中模式串的个数和每个模式串的长度无关。无论模式串 F 是否出现在 T 中,T 中的每个字符都必须输入状态机中,所以无论是最好情况还是最坏情况,AC 算法模式匹配的时间复杂度都是 $O(n)$。包括预处理时间在内,AC 算法总时间复杂度是 $O(M+n)$,其中 M 为所有模式串的长度总和。

AC 算法的优点:与单模式匹配算法相比,AC 算法采用的是多模式匹配算法。在进行字符串匹配时,速度速度有了一定的提高。

AC 算法的缺点:对多模式串的匹配而言,虽然 AC 算法比 BM 算法高效得多,但 AC 算法必须逐一地查看文本串的每个字符,而不像类似 BM 算法的单模式匹配算法一样能够利用跳转表跃过文本串中的大段字符,显然 AC 算法的搜索速度并不是最优的。

5. AC_BM 算法

AC_BM 算法则是将 AC 算法与 BM 算法组合使用,利用二者的优点,将精确匹配的 BM 算法应用于多模式,允许将不同规则放在一棵规则树上同时进行搜索匹配。AC_BM 算法将不同的模式按照前缀组成模式树用于文本的匹配,进行匹配时模式树的移动是从右往左移动。字符的比较是从模式树的根字符开始向叶子节点的方向,按层次逐个字节的比较。

AC_BM 算法是一种以 BM 为基础的并行字符串匹配算法,它允许将不同的规则放在一个树上,称为模式树。这些规则都要求内容检索,然后对这棵树使用 BM 算法进行检索。模式树从数据包负载的右边向左移动,一旦模式树确定在适当的位置,字符比较开始从左向右进行。AC_BM 算法同时使用坏字符移动和好前缀移动。如果出现了不匹配的情况,移动模式树,使树中的其他关键字中的能与当前文本中正在比较的字符相匹配的那个字符移动到与当前文本中正在比较的字符相同的位置上,以便匹配。如果在当前的深度上,文本字符没有出现在任何关键字中,则模式树的偏移量为树中最短的模式的长度。

但是由于 BM 算法搜索步长存在一定的缺陷,而且 AC_BM 算法中模式树中的每个节点中可能包含多个子树,而且子树的个数无法预知,这样的结构使得系统在处理的时候耗费大量的内存空间。

6. 模式匹配技术的检测原理与缺陷

(1)模式匹配技术的检测原理。现在以对微软 IIS 中 Unicode 漏洞攻击事件为例,来分析模式匹配检测方法的检测原理。微软公司的 IIS4.0 和 IIS5.0 在对 Unicode 字符解码的实现中存在一个安全漏洞,导致入侵者可以远程通过 IIS 执行任意命令。当 IIS 打开文件时,如果该文件名包含 Unicode 字符,会对其进行解码,如果其中包含一些特殊的编码,将导致 IIS 错误的打开或者执行某些 Web 根目录以外的文件。

这个漏洞很容易被入侵者加以利用,只要输入类似"http://受害者机器 IP 地址或域名/..%C1%9C../winnt/system32/cmd.exe"的 URL,并发送到 IIS。如果默认许可没有被修改,入侵者就能运行被侵害主机上的命令行操作。其中"..%C1%9C.."为 UTF-8 编码,它的含义为"../.."。对于这类攻击,IDS 必须要找出 URL 中含有"%C1%9C"的特征。

假如攻击者发出的请求为:http://受害者机器 IP 地址或域名/..%C1%9C../winnt/

system32/cmd.exe。该数据包用十六进制表示如图 12-4 所示。

```
00 A0 C9 8F FF C1 00 00 E8 6F AD 59 08 00 45 00

01 90 85 00 40 00 80 06 E3 4E C8 00 00 C8 00 00

00 50 04 0B 00 50 00 15 33 FB 6F CC C1 00 45 00

65 6D 33 32 2F 63 6D 64 2E 65 78 65 20 48 54 54

22 38 28 D1 00 00 47 45 54 20 2F 2E 2E 25 68 31
```

图 12-4

简单模式匹配的特征检测技术的工作过程如下：

1）将特征字符"..%C1%9C.."按 ASCII 编码转换成十六进制数值"25 63 31 25 39 63"。

2）从包头起，将"25 63 31 25 39 63"与前 6 个字节每个字节逐一比较，检测是否一样，如果不一样，则往后挪一个字节，继续比较。如此反复，依次进行。直到第 62 轮比较，包中前 6 个字节与特征串完全一样。系统确认符合入侵攻击特征，对此行为报警，并进而采取相应的措施。

3）如果该包没有与此特征相匹配的串，则从特征库中取下一个特征串继续上述过程。

（2）模式匹配技术检测的缺陷。由模式匹配的原理可见，网络中的每个包都需要与特征库中的每种特征进行上述匹配过程，检查其是否存在入侵。为了确保检测的准确性，IDS 系统需要对监测网段上的每一个包执行这个过程。显然，模式匹配技术存在很多缺陷：

1）只能检测已知的攻击类型，无法检测出未知的攻击类型。因为模式匹配检测技术是依赖于将截获的网络数据包与预先定义好的攻击特征库进行比较来检测攻击的；而特征库是根据已知的攻击类型从中提取攻击特征而构建的。这样就决定了模式匹配只能检测出已知的攻击类型，而对未知的攻击无能为力了。

2）计算量大。传统的模式匹配技术把网络数据包当成一种无序的字节流，而网络数据包所遵循的 TCP/IP 协议是一个高度规范的协议。由于忽略了网络数据包的高度规则性，导致计算量过大。例如，对于一个满负载的 100MB 以太网线路，所需的计算量可以表示为：（每个特征中的字节数）×（一个包中的字节数）×（包数量/秒）×（库中特征数）。假设一个特征为 20 字节，包平均大小为 300 字节，30000 包/秒的速度，库中有 4000 个特征，则检测计算量为：$20 \times 300 \times 30000 \times 4000 = 720\ 000\ 000\ 000$ 次匹配/秒，这个计算量远远超过了大多数计算机的运算能力。因计算速度跟不上而产生大量的漏报是这类系统的主要特点。

3）探测的准确性较差。模式匹配特征搜索技术使用固定的特征模式来探测攻击。使用固定的特征模式就只能探测出明确的、唯一的攻击特征，入侵者只要在攻击字符串中作细微的变化就会导致匹配失败，产生漏报。另外由于不能理解协议，基于传统模式匹配技术的 IDS 系统误报率也较高。

4）对于很多基于协议的攻击无能为力。例如对碎片攻击就无法检测，因为它把攻击特征隐藏在多个数据包中，如果不进行数据包重组就无法检测出这类攻击。另外，对当前最流行 DoS 攻击也无法检测，因为多数 DoS 攻击都是利用正常的数据包来淹没受攻击的目标，而每个数据包本身不存在攻击特征。为了解决上述问题，必须寻找新的检测方法。而最近几年发展起来的协议分析技术是解决上述问题的一个突破口。协议分析技术是检测攻击特征存在的技术,其特点是充分利用网络协议的高度有序性,即网络协议并非随机变化的字节流,而是高度有序的系统,协议数据包中的结构应该是完全可知的,并且与一系列协议规则紧密联系。协议分析技术利用这些知识来快速检测某个攻击特征的存在,从而大大降低了特征匹配所需的计算量。与传统的模式匹配检测技术比较,协议分析技术具备高速、精确和高效的特点。

12.4 基于数据预处理的入侵检测系统模型设计

本节主要介绍基于数据预处理的入侵检测系统模型设计,通过对数据预处理子系统和入侵检测子系统的合理设计,使两个子系统有机结合在一起配合工作。其中,提出赋权 TCM-KNN 算法,并应用于数据预处理子系统;对 Snort 系统进行改进,并应用于入侵检测子系统。

1.基于数据预处理的入侵检测系统模型

(1)基于数据预处理的入侵检测系统模型的提出。入侵检测技术主要分为误用检测(misuse detection)和异常检测(abnormalde -section),相对应的是误用检测模型(见图 12-5)和异常检测模型(见图 12-6)。误用检测是建立在使用某种模式或者特征描述的方法对任何已知攻击进行表达这一理论基础上的。误用检测系统是将已知的攻击特征和系统弱点进行编码,存入知识库中,入侵检测系统(IDS)将所监视的事件与知识库中的攻击模式进行匹配,当发现有匹配时,认为有入侵发生,从而触发相应机制。

异常检测基于已掌握了被保护对象的正常工作模式,并假定正常工作模式相对稳定,有入侵发生时,用户或系统的行为模式会发生一定程度的改变。一般方法是建立一个对应"正常活动"的系统或用户的正常轮廓,检测入侵活动时,异常检测程序产生当前的活动轮廓并同正常轮廓比较,当活动轮廓与正常轮廓发生显著偏离时即认为是入侵,从而触发相应机制。

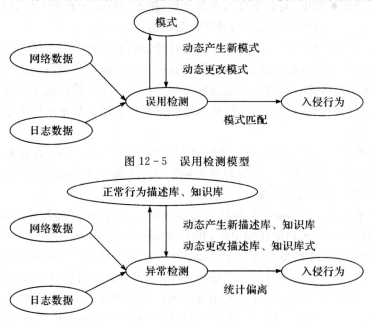

图 12-5 误用检测模型

图 12-6 异常检测模型

误用检测的优点是可以有针对性地建立高效的入侵检测系统,误报率低;缺点是对未知的入侵活动或已知入侵活动的变异无能为力,攻击特征提取困难,需要不断更新知识库。异常检测的优点是与系统相对无关,通用性较强,它有可能检测出以前从未出现过的攻击方法,不像误用检测那样受已知脆弱性的限制;缺点是其误报率过高。二者各有利弊,我们将这两种入侵检测的思想分别用在数据预处理子系统和入侵检测子系统当中,并且使二者相互配合地进行工作。

为了进一步提高检测率、降低误报率,现将异常检测和误用检测两种方法结合起来进行入侵检测,使其发挥误用检测检测率高和异常检测能够检测出未知入侵的优点。基于数据预处理的入侵检测系统模型如图 12 - 7 所示。

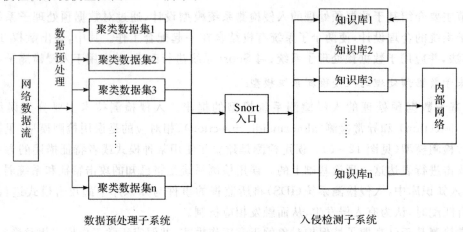

图 12 - 7　基于数据预处理的入侵检测系统模型

(2)模型工作原理。本模型与传统的入侵检测系统相比增加了一个数据预处理子系统,通过对数据预处理子系统和入侵检测子系统的合理设计,使两个子系统有机结合在一起配合工作。在数据预处理子系统中,对数据进行聚类分析;在入侵检测子系统中分别对各类数据分别进行误用检测。最终达到将误用检测与异常检测相结合的目的。

1)数据预处理子系统。首先,对源数据进行过滤、清理,去除可能会对系统产生不良影响的"脏数据"和信息不完整数据。然后,使用聚类算法对数据进行进聚类分析,将数据划分为数个聚类数据集,聚类分析的过程实际上是对源数据进行了一次异常检测。经过聚类分析,将数据划分为正常数据和异常数据,然后系统将数据的聚类分析结果标记在数据包的包头上,然后送入入侵检测子系统。

聚类算法的聚类中心的选择方法:以 UCI 提供的 KDD Cup 1999 数据集为例,该数据集包含 22 种入侵行为,则将 22 个入侵行为和正常数据作为聚类中心,经过聚类分析,最终生成 23 个聚类数据集和一个异常数据集。

2)入侵检测子系统。对 Snort 系统进行必要改进,首先能够将接收到的来自数据预处理子系统的各类数据分别送入相应的知识库;其次,知识库的数量与预处理子系统的聚类数据集的数量相同,并针对每一个聚类数据集建立知识库。在这个过程中,Snort 接收到数据预处理子系统传来的数据后,对数据进行的是误用检测。Snort 对接收的数据分别进行如下处理:

聚类数据集中的入侵数据:将其送入相应知识库进行误用检测,模式相同,则直接将其作为入侵数据丢掉,不再送入内部网络。否则,将其送报正常知识库进行检测,如果仍然不匹配,则送报仲裁模块进行单独处理。

聚类数据集中的正常数据:如果符合正常数据的知识库,直接送入内部网络。否则,将其送报各入侵类型知识库进行检测,如果仍然不满足,则送报仲裁模块进行单独处理。

异常数据:将预处理子系统产生的异常数据集送入入侵检测子系统,分别跟 23 个知识库分别进行模式匹配,如果不满足任何一个,将数据单独送报仲裁模块进行单独处理。

入侵检测子系统将既不与入侵模式匹配,又不与正常模式匹配的数据送入仲裁模块进行单独处理。由于在进行聚类分析前已经将信息不完整数据和脏数据去除掉了,因此这类数据数少量的,很可能是被误报的正常数据或者是从未出现过的入侵,因此,有必要进行单独处理。这里的仲裁模块可以是管理员,也可以是预先设置好的某种算法。

2.数据预处理子系统设计

(1)本模块的主要任务。

1)对数据源进行预处理,使入侵检测系统捕获的源数据变得更加"干净",对网络数据流进行过滤、清理,去除可能会对系统产生不良影响的"脏数据";

2)使用赋权 TCM－KNN 算法对源数据进行聚类分析,这一步实际上是进行了一次异常检测;

3)经过聚类分析,将数据划分为多个聚类数据集,然后将数据属于哪个聚类数据集的信息标记在数据报的头部。

(2)聚类要素的格式化处理。在聚类分析中,聚类要素的选择是十分重要的,它直接影响分类结果的准确性和可靠性。在入侵检测研究中,被聚类的要素常常由多个要素构成。不同的要素的数据往往具有不同的单位和量纲,其数值的差异可能很大,这就会对分类结果产生影响。因此,当分类要素的对象确定后,在进行聚类分析之前,还要对聚类要素进行格式化处理。

假设有 m 个聚类的对象,每一个聚类对象都由 $x_1,x_2,\cdots\cdots$ 个要素构成,首先将各要素取值按照一定的离散化方法离散成可以进行代数处理的数值数据。

1)总和标准化,分别求出各聚类要素所对应的数据总和,以各要素的数据除以该要素数据的总和,即

$$x'_{ij}=\frac{x_{ij}}{\sum\limits_{i=1}^{m}x_{ij}}$$

式中,$i=1,2,\cdots,m$;$j=1,2,\cdots,n$,下同。这种标准化方法所得的新数据 x'_{ij} 满足 $\sum\limits_{i=1}^{m}x'_{ij}=1$。

2)标准差的标准化,即

$$x'_{ij}=\frac{x_{ij}-\bar{x_j}}{s}$$

式中

$$\bar{x'_j}=\frac{1}{m}\sum\limits_{i=1}^{m}x'_{ij}\ ,\ S_j=\sqrt{\frac{1}{m}\sum\limits_{i=1}^{m}(x'_{ij}-\bar{x'_j})^2}$$

由这种标准化方法所得的新数据 x_{ij} 各要素的平均值为 0,标准差为 1,则有

$$\bar{x'_j}=\frac{1}{m}\sum\limits_{i=1}^{m}x'_{ij}=0\ ,\ S_j=\sqrt{\frac{1}{m}\sum\limits_{i=1}^{m}(x'_{ij}-\bar{x'^2_j})}=1$$

3)极大值标准化,即

$$x'_{ij}=\frac{x_{ij}}{\max\{x_{ij}\}}$$

经过这种标准化所得的新数据,各要素的极大值为 1,其余各数值小于 1。

4)极差的标准化,即

$$x_{ij} = \frac{x_{ij} - \min\{x_{ij}\}}{\max\{x_{ij}\} - \min\{x_{ij}\}}$$

经过这种标准化所得的新数据,各要素的极大值为 1,极小值为 0,其余的数值均在 0 与 1 之间。

(3)TCM—KNN 算法及算法分析。在统计学习理论中,直推式方法通常是指对于一个样本的类别预测可以直接通过训练数据中的所有样本来获得,而不是使用传统的归纳方法从训练数据中得出通用规则。该概念被广泛地应用于数据挖掘和机器学习领域,因为它只需要满足 iid 假设(即待归类的样本以及用于训练的数据集都是独立且同分布的),并且,它并不需要知道样本数据的分布类型以及分布参数。

直推信度机则使用 Kolmogorov 的算法随机性理论建立了一种适应范围较广的机器学习置信度机制。它被用来衡量一个样本分别属于已经存在的几个类别的可信程度。TCM 中所采用的置信度机制基于随机性检测。然而,Martin—Lof 证明,这种检测是不可计算的,因此,我们必须采用一种可计算且满足 Kolmogorov 的算法随机性理论的随机性检测函数来对该置信度进行估算。这种检测函数的值称为 P 值。我们通常将 P 值定义为待分类样本属于已存在的几类样本空间的概率。其相对于某类样本空间的值越大,则表明它属于该类样本空间的可能性越大。

TCM—KNN(Transductive Confidence Machinesfor K—Nearest Neighbors)将经典的分类算法 K 近邻结合在 TCM 中,采用距离计算的方法根据已分类的数据集对观测点进行分类。因此,在 TCM—KNN 中,为了计算待检测样本的 P 值,我们定义一种称为奇异值(strangeness)的指标。

定义 1　待检测样本 i 相对于类别 y 的奇异值 a_{iy} 定义为

$$a_{iy} = \frac{\sum\limits_{j=1}^{k} D_{ij}^{y}}{\sum\limits_{j=1}^{k} D_{ij}^{-y}}$$

式中,D_i^y 表示样本 i 与类别 y 中所有样本的距离的序列,其中样本之间的距离是通过计算表示它们的特征向量得到的;

D_{ij}^y 则表示该序列中第 j 个最短的距离;

D_{ij}^{-y} 则代表样本 i 与其他类别中(除类别 y 外)所有样本的距离序列;

D_{ij}^{-y} 同样表示该序列中第 j 个最短的距离。

参数 k 表示我们所要考虑的最近邻的数目。

通过该定义,我们不难看出:奇异值是基于样本特征向量在特征空间上的距离来设计的。一般说来,同类别的样本由于具有相似性,它们的特征向量在特征空间上的分布具有聚集性,样本之间的距离比较小;不同类别的样本由于具有相异性,它们的特征向量在特征空间上的分布具有分散性,样本之间的距离比较大。奇异值实际上是待检测样本 i 与待加入的类中其他样本最小的 k 个距离之和,与其他类别中样本的最小的 k 个距离之和的比率。

在定义 1 中,采用欧氏距离来计算样本之间的距离,计算方法为

$$\text{distance}(Y_1, Y_2) = \sqrt{\sum_{j=1}^{|Y_1|} (Y_{1j} - Y_{2j})^2}$$

其中，Y_1 和 Y_2 分别指代两个样本（由该样本的特征向量表示），Y_{ij} 表示特征向量 Y_i 的第 j 维特征，$|Y_i|$ 则表示特征向量 $|Y_i|$ 的特征维数。

结合定义 1，在 TCM－KNN 中 P 值的计算方法见定义 2。

定义 2　待检测样本 i 相对于类别 y 的 P 值计算为

$$P(a_i) = \frac{\#\{j : a_j \geqslant a_i\}}{n+1}$$

其中，$\#$ 表示集合的"势"，通常计算为有限集合的元素个数；

a_i 为待检测样本的奇异值；

n 为集合的个数；

a_j 表示集合中任意样本的奇异值。

因此，P 值可以计算为 $\frac{j}{n+1}$。其中 j 为类别 y 中奇异值大于待检测样本 i 奇异值的样本个数。并且，在计算过程中，通常一次处理一个样本。不难看出，P 值取值区间为$[0,1]$，并且其值越大，表明样本 i 归属于类别 y 的可能性越大。

TCM－KNN 算法首先通过基于样本特征向量在特征空间上的距离来定义了一个奇异值。奇异值实际上是待检测样本 i 与待加入的类中其他样本最小的 k 个距离之和与待检测样本与其他类别中样本的最小的 k 个距离之和的比率。然后通过计算 P 值，即待分类样本属于已存在的几类样本空间的概率，得出样本 i 归属于类别 y 的可能性。TCM－KNN 算法在主动学习方面，保证训练效果、精简训练集是有效的。但是，在计算奇异值的时候，默认了每一个类别的 K 值是相同的，显然，这是不合理的。下面对 TCM－KNN 算法进行改进，通过对各个聚类分别根据自己的情况定义 K 值，从而得到更佳的检测效果。

（4）赋权 TCM－KNN 算法

在 K 近邻算法中，K 一般是大于等于 1 的一个整数，表示选择参照样本的数目，K 值决定算法的精确度，因此 K 值的确定对算法的性能是非常重要的。在原来的 TCM－KNN 算法中，在计算各个类别的样本奇异值时选择的 K 值是相同的，这样权衡各个类别来选择 K 值是非常困难的。在赋权 TCM－KNN 算法中，我们通过对各个类别赋权的方法来确定 K 值，这样选择的 K 值时更有针对性。

在赋权 TCM－KNN 算法中，我们重新定义奇异值。

定义 $1'$，待检测样本 i 相对于类别 y 的奇异值 a'_{iy} 定义为

$$a'_{iy} = \sum_{j=1}^{[q_y k]} D_{ij}^y$$

式中，$[q_y k]$ 表示对赋权最近邻数目取整。

q_y 表示样本 i 与类别 y 中所有样本距离最近邻数目的权重。其他参数与前面所述含义相同，在此不再重复。

一方面，新定义的奇异值，不属于正常样本的奇异值远远大于在该正常类中样本的奇异值，它能充分地将非正常数据与正常数据进行隔离，起到一个区分的效果。另一方面，在 K 值的确定过程中，针对每一个类别采用了赋权取整的方法，进一步提高了算法的精确度。

结合定义 $1'$，P 值的计算方法相应地变为：

定义 $2'$，待检测样本 i 相对于类别 y 的 P 值计算为

$$P'(a_i) = \frac{\#\{j : a_j \geqslant a_i'\}}{n+1}$$

(5)算法描述。赋权 TCM—KNN 算法可描述为

算法参数说明：k(选取的 k 临近数目)、m(训练集样本数目)、c(已有攻击分类和正常流量)

输入：r(待检测样本)

输出：Class_id(样本的类别编号)

For i＝1 to m

    { 根据定义 $1'$ 为训练集中的每个样本计算，并存储；

根据定义 $1'$ 计算训练集中每个样本的奇异值并存储；}

For j＝1 to c

    { 对于类 j 中的每个样本 t,if(   )

将 r 加入类 j,并根据定义 $1'$ 重新为样本 t 计算奇异值；

对于非类 j 中的每个样本 t,if(   )

将 r 加入类 j,并根据定义 $1'$ 重新为样本 t 计算奇异值；

为待检测样本 r 计算归属于类 j 的奇异值；

为待检测样本 r 计算归属于类 j 的 P 值；}

将待检测样本 r 归为 P 值最大时所对应的类,该分类结果的置信度为(1-第 2 最大值)

return class_id。

(6)对数据报的标记处理。

IP 数据报的结构如图 12－8 所示。

版　　本	国际报头长度	服务类型	总长度	
标志号			标志符	段偏移量
生存期		协议	报头校验和	
原地址				
目标地址				
可选项			类型标志	
数据				

图 12－8　IP 数据报的结构

1)版本：表示协议的版本号。位于接收节点的网络设备首先检查此域以决定他是否能够读取该数据帧。目前大多数使用 TCP/IP 的网络使用 IPv4 版本,一个更高级的版本 IPV6 已经开发出来了,不久就可以使用,不过这个新版本向后兼容,即使用这个版本的网络可以接收 IPV4 的数据帧。

2)网际报头长度(IHL)：此域用 32 位代码表示 IP 报头的长度。它向位于接收点的网络设备表明数据帧从何处开始。

3)服务类型(Tos):此域表示数据优先级、可靠性、和延迟量,告知 IP 如何处理输入的数据报。

4)总长度:此域表示数据报(包括报头和数据)的总长度。

5)标志号:此域用来表示一个消息是否被分段(无分段 DF 或多个分段 MF),如果一个消息已被分段则表示该数据报是否是最后的段。

6)标志符:此域表示一个数据报的消息,这样使得位于接收节点的网络设备可以重组分段的消息。

7)段偏移量:此域表示数据报段属于输入段集合中的哪一段。标志号、标志符、段偏移量三个域共同在数据报的分段和重组过程中起作用。

8)生存期(TTL):此域表示一个数据报在它被抛弃前在网络中存在的最长时间,以秒为单位。生存期对应于数据报所经过的路由器的树木,数据报每经过一个路由器,生存期就会减少 1s。不论路由器花费多少时间(多于 1s 或者少于 1s)来处理数据报,生存期都一视同仁地减去 1s。

9)协议:此域表示数据报的传输层协议类型。

10)报头校验和:此域被用来检验 IP 报头是否出错。

11)源地址:此域表示源节点的完整的 IP 地址。

12)目标地址:此域表示目标节点的完整的 IP 地址。

13)可选项:此域表示可选的路由和相关的实时信息,用来规定附加的服务。

14)填充位:此域可以填充信息以保证报头的长度是 32 位的倍数。此域的长度是可变的,但必须是 32 的倍数。

15)数据:此域包含了由源节点发送的原始数据和另加的 TCP 信。

数据预处理子系统对数据进行聚类分析后,产生 23 个聚类数据集,系统将分类结果标记在每个数据的头上。在填充位中取 8 位,用来标记数据属于哪个聚类数据集。修改后的 IP 数据报的结构如图 12-9 所示。

版　本	国际报头长度	服务类型	总长度		
标志号			标志符	段偏移量	
生存期	协议		报头校验和		
原地址					
目标地址					
可选项			类型标志	填充位	
数据					

图 12-9　数据预处理子系统产生的 IP 数据报的结构

3.入侵检测子系统设计

(1)本模块的主要任务。

1)能够将接收到的来自数据预处理子系统的各类数据分别送入相应的知识库;

2)知识库的数量与预处理子系统的聚类数据集的数量是相对应的,并且针对每一个聚类数据集分别建立知识库；

3）各知识库分别对送来的数据进行误用检测。

（2）Snort 简介。Snort 是一种流行的轻量级网络入侵检测系统，它使用一种基于特征规则的检测引擎来对网络数据包进行内容模式匹配。snort 在对网络数据包进行检查时，重复使用 Boyer－Moore 算法来将规则集中的每一条内容规则与数据包的有效载荷进行模式匹配。

Snort 能运行在众多的硬件平台和操作系统上。因为其可扩展的体系结构和开放源代码的发布模式，Snort 成为入侵检测软件中非常流行的选择。从本质上说，Snort 是网络数据包嗅探器，只要运行 Snort 时不加载规则，就可以把网络中的数据包显示出来。但是 Snort 的真正价值在于把数据包经过规则处理的过程。Snort 灵活的和强大的语言功能对网络中的所有数据包作充分的分析，决定如何处理任何特殊的数据包。Snort 可以选择的方式有忽略、记录或告警管理员。Snort 有很多种记录或告警的方法，例如，syslog、写入文件、写入 XML 格式文件、发送 WinPopup 消息等。当有了新的攻击手段时，需要加入新的规则来进行升级 Snort。

正如前面章节论述的，误用检测虽然可以有针对性地建立高效的入侵检测系统，误报率低，但是对未知的入侵活动或已知入侵活动的变异无能为力，攻击特征提取困难，需要不断更新知识库。Snort 是采用无用检测的工作模式，当然也面临着同样的问题。

（3）Snort 系统的框架及工作流程。

1）Snort 系统的总体框架。Snort 系统主要由数据包嗅探器、预处理器、检测引擎模输出模块等 5 个模块。其逻辑设计如图 12－10 所示。

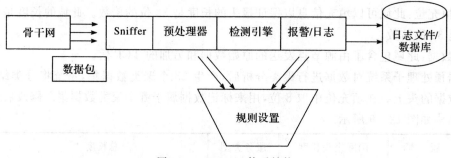

图 12－10　Snort 体系结构

2）Snort 系统的主要构件分析。

a. 数据包嗅探器。Snort 没有自己的捕包工具，它使用的是外部的捕包程序库：libpcap（PacketCapture Library）。Libpcap 是由 Berkeley 大学 Lawrence Berkeley National Laboratory 研究院的 Van Jacobson、Craig Leres 和 Steven McCanne 编写的。Libpcap 具有平台独立性的特点，它可以运行在任何一种流行的硬件和操作系统的组合中，在 Windows 系统中，它的版本是 winpcap。

b. 预处理模块。预处理器是 Snort 在检测引擎之前用相应的插件检查原始的数据包，从中发现这些数据的"行为"。在预处理器中，用插件的形式来实现预处理功能对 IDS 是非常有用的。使用者可以根据实际环境的需要启动或停止某个预处理插件。这样可以提高 Snort 的工作效率，使用者也可以根据实际需要编写特定的预处理插件。

c. 检测引擎。检测引擎是 Snort 的核心模块。它有两个主要功能：规则分析和特征检测。预处理器把数据包送来后，检测引擎根据预先设置的规则检查数据包，一旦发现数据包中的内容和规则库中的某条规则相匹配,就通知报警模块。在 Snort 中,预先设置的规则有很多。规则主要有两部分组成:规则头和规则体。规则头定义了规则被触发时产生的处理动作,数据包对应的协议(TCP、UDP、ICMP 等),以及 IP 源地址、网络、端口在内的源和目的信息。如图 12－11 所示。

图 12－11　一个 Snort 规则头

3)Snort 系统的工作流程。Snort 主工作流函数为 SnortMain()流程大体如图 12－12 所示。

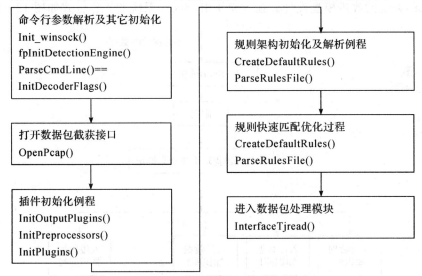

图 12－12　SnortMain()流程图

　　a)命令行参数解析函数 ParseCmdLine(),解析个中命令参数,并将其放入全局 PV 类型的变量 PV 中。数据类型 PV 包含各种标示字段,用来指示系统的参数设置。

　　例如:规则文件,系统运行模式,显示模式,插件激活等。

　　b)检测引擎初始化 fpInitDetectinEngine(),用于制定快速规则匹配模块的配置参数,包括模式搜索算法等(Snort 可使用的算法有 Aho－Corasick,Wu－Manber,Boyer－Moore 等算法,缺省 Snort 使用 Byer－More 算法)。并负责在协议解析过程中产生警报信息。

　　c)取得从网络截取到的数据流的主要进程 OpenPcap()。其主要作用是根据命令行参数分析结果,分别调用 Libpcap 函数库 Pcap_open_live()——通过网卡驱动实时截取网络数据和 Pcap_open_offline()——通过文件来访问以前网卡驱动截取数据保存成为的文件,并获得相对应的数据包数据结构。

　　d)各种插件初始化主要包括输入/输出插件初始化,检测插件初始化和预处理插件初始化等。主要就是将各种插件的关键字与对应的初始化处理函数相调用,然后注册到对应的关键字链表结构中,随后逐个弹出以便规则解析模块使用。

e)规则结构初始化和解析。CreateDefaultRules()负责进行初始的规则结果建设。

f)规则优化及快速匹配模块是 Snort2.0 版本中引入的最重要的组 SnortMain()函数中，主要涉及调用了建立和初始化规则优化和快速匹配类型。包含有2个主要函数：OtnXMatch-InfoInitialize( )，fpCreateFastPacOtnXMatchInfoInitialize ( ) 主 要 是 对 数 据 类 型 OTNX_MATCH_DATA 型的全局变量 omd，为它而申请空间。OTNX_MATCH_DATA 数据结构匹配时所需要的重要信息。而 fpCreateFastPacketDetection()是建立快速主要接口函数。

g)数据包处理模块 InterfaceThread()。InterfaceThread()中功能简单，主要调用 Libpcap库函数 Pcap_loop(函数 Pcap_loop()的接口函数，接口函数 ProcessPacket()主要功能包括：

①调用数据包协议解码模块，并将解码结果存储在特定的 Packet 类中。

②根据 Snort 的运行模式，调用不同的处理模块。

③对入侵检测的运行模式，调用 Preprocess()模块。

（4）Snort 系统的改进模型设计。在本模块中，Snort 系统的工作方式如图 12-13 所示。

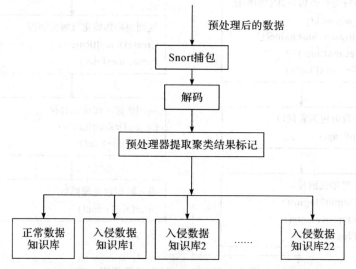

图 12-13　Snort 系统的工作方式

图 12-13 所展示的工作过程中，Snort 系统需要针对数据预处理子系统产生的聚类数据集分别建立知识库，并且 Snort 在接收到数据后，能按照聚类数据集的聚类中心性质送入相应的知识库中进行误用检测。为此，需要对 Snort 系统的预处理器和检测引擎进行必要的改造。

（5）对预处理器的改进。Snort 在检测引擎之前用相应的插件检查数据预处理子系统传送过来的数据包，根据数据包的标记，对数据包进行分配，送入相应的检测引擎中。

Snort 对聚类数据集进行分类选择的算法可以表示为：

算法参数说明：m(聚类中心个数或知识库个数)、k(知识库的检测对象)

输入：r(待检测聚类数据包)

输出：检测完成的数据

For　i=1 to m

{

对于每个聚类数据包 r,if(r 与 ki 相匹配)

将 r 送入 ki 进行检测；

}

Ip 数据报头的修改,在原来 Ip 数据报头的基础上,添加一项 struct in_class _ datagram,用来表示数据报的分类标记。

```
typedef struct _IPHdr
{
u_int8_t ip_verhl;            / * version & header length * /
   u_int8_t ip_tos;           / * type of service * /
   u_int16_t ip_len;          / * datagram length * /
   u_int16_t ip_id;           / * identification * /
   u_int16_t ip_off;          / * fragment offset * /
   u_int8_t ip_ttl;           / * time to live field * /
   u_int8_t ip_proto;         / * datagram protocol * /
   u_int16_t ip_csum;         / * checksum * /
   struct in_addr ip_src;     / * source IP * /
   struct in_addr ip_dst;     / * dest IP * /
struct in_class _ datagram;   / * datagram   classification * /
}IPHdr;
```

经过改进的数据报头,里面包含的聚类分析中的分类标记,然后 Snort 通过数据报头的信息对数据报进行分类处理。

(6)对检测引擎的改进。在对每一个聚类数据集进行分类检测之前,需要将每一类聚类数据集送入相应的知识库中,这就需要对 Snort 进行修改,让它对聚类数据集具有分类处理能力。这里我们选择的聚类中心的个数是与每一个小知识库是相对应的,因此它们的数量也是相等的。检测引擎是 Snort 的核心模块。预处理器把数据包送来后,检测引擎根据预先设置的规则检查数据包,一旦发现数据包中的内容和规则库中的某条规则相匹配,就通知报警模块。在 Snort 中,预先设置的规则有很多。规则主要有两部分组成:规则头和规则体。规则头定义了规则被触发时产生的处理动作,数据包对应的协议(TCP、UDP、ICMP 等),以及 IP 源地址、网络、端口在内的源和目的信息、数据要素名称。(见图 12－14)

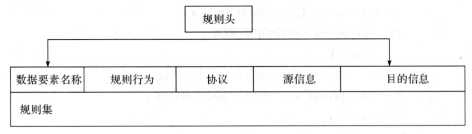

图 12-14　一个 Snort 规则头

知识库的建立需要结合数据预处理子系统中的聚类方法,按照聚类中心的主要性质建立,对每一个聚类数据集分别进行检测。这样的误用检测方式跟常规误用检测相比,细化到了每一类数据,这样更有针对性,也能够进一步提高入侵检测的准确率。

举例代码:

```
    void DecodeIPOptions(u_int8_t * start, u_int32_t o_len, Packet * p)
{
    u_int8_t * option_ptr=start;
    u_char done=0; /* have we reached IP_OPTEOL yet? */
    u_int8_t * end_ptr=start + o_len;
    u_int32_t opt_count=0; /* what option are we processing right now */
    u_int8_t byte_skip;
    u_int8_t * len_ptr;
    int code=0;  /* negative error codes are returned from bad options */
    DEBUG_WRAP(DebugMessage(DEBUG_DECODE,   "Decoding %d bytes of IP
options\n", o_len););
    while((option_ptr < end_ptr) && (opt_count < IP_OPTMAX) && (code >=0))
    {
        p->ip_options[opt_count]. code= * option_ptr;
        if((option_ptr + 1) < end_ptr)
        {
            len_ptr=option_ptr + 1;
        }
        else
        {
        len_ptr=NULL;
        }
        switch( * option_ptr)
        {
        case IPOPT_RTRALT:
        case IPOPT_NOP:
        case IPOPT_EOL:
            /* if we hit an EOL, we're done */
            if( * option_ptr==IPOPT_EOL)
                done=1;
                p->ip_options[opt_count]. len=0;
            p->ip_options[opt_count]. data=NULL;
            byte_skip=1;
            break;
        default:
            /* handle all the dynamic features */
            code=OptLenValidate(option_ptr, end_ptr, len_ptr, -1,
                            &p->ip_options[opt_count], &byte_skip);
        }
```

```
        if(code < 0)
        {
            if(runMode==MODE_IDS)
            {
                /* Yes，we use TCP_OPT_* for the IP option decoder.
                 */
                if(code==TCP_OPT_BADLEN && pv.decoder_flags.ipopt_decode)
                {
    SnortEventqAdd(GENERATOR_SNORT_DECODE,
                DECODE_IPV4OPT_BADLEN，1，DECODE_CLASS，3，
                DECODE_IPV4OPT_BADLEN_STR，0);
                    if((InlineMode()) && pv.decoder_flags.drop_ipopt_decode)
                    {
    DEBUG_WRAP(DebugMessage(DEBUG_DECODE，"Dropping bad packet\n"););
                        InlineDrop(p);
                    }
                }
            else if(code==TCP_OPT_TRUNC && pv.decoder_flags.ipopt_decode)
                {
                    SnortEventqAdd(GENERATOR_SNORT_DECODE，
                    DECODE_IPV4OPT_TRUNCATED，1，DECODE_CLASS，3，
                        DECODE_IPV4OPT_TRUNCATED_STR，0);
                    if((InlineMode()) && pv.decoder_flags.drop_ipopt_decode)
                    {
    DEBUG_WRAP(DebugMessage(DEBUG_DECODE，"Dropping bad packet\n"););
                        InlineDrop(p);
                    }
                }
            }
            return;
        }
        if(! done)
            opt_count++;
        option_ptr +=byte_skip;
    }
    p->ip_option_count=opt_count;
    return;
}
```

12.5 实验与性能分析

本节主要介绍了使用 KDD Cup 1999 数据集作为实验数据对赋权 TCM－KNN 算法进行测试,通过对实验结果的分析,验证了本算法的正确性和有效性。

1. KDD Cup 1999 数据集

为了方便说明和进行实验,我们以 UCI 提供的 KDD Cup 1999 数据集作为实验数据集作为数据源进行说明。本数据集中大约包含 4,900,000 条数据记录,每条数据都是从军方网络环境中模拟攻击中所得到的。它们包含 22 种入侵行为和正常数据(Normal)类型(见表 12-2),其中主要包括 Dos、Probe、R2L 和 U2R 四类攻击数据。每一条数据有 41 个要素(见表 12-3)。

表 12-2　入侵行为和正常数据类型

入侵行为名称	攻击类型	入侵行为名称	攻击类型	入侵行为名称	攻击类型
back	dos	ipsweep	probe	warezclient	r2l
land	dos	nmap	probe	phf	r2l
smurf	dos	ftp_write	r2l	loadmodule	u2r
teardrop	dos	imap	r2l	buffer_overflow	u2r
neptune	dos	multihop	r2l	perl	u2r
pod	dos	warezmaster	r2l	rootkit	u2r
satan	probe	spy	r2l	guess_passwd	r2l
portsweep	probe				

表 12-3　四类攻击数据

要素名称	要素名称	要素名称
back,buffer_overflow,ftp_write,guess_passwd,imap, ipsweep,land,loadmodule,multihop,neptune,nmap, normal,perl,phf,pod,portsweep,rootkit,satan,smurf, spy,teardrop,warezclient,warezmaster. duration: continuous.	su_attempted: continuous.	same_srv_rate: continuous.
protocol_type: symbolic.	num_root: continuous.	diff_srv_rate: continuous.
service: symbolic.	num_file_creations: continuous.	srv_diff_host_rate: continuous.
flag: symbolic.	num_shells: continuous.	dst_host_count: continuous.
src_bytes: continuous.	num_access_files: continuous.	dst_host_srv_count: continuous.

续表

要素名称	要素名称	要素名称
dst_bytes：continuous.	num ＿ outbound ＿ cmds：continuous.	dst_host_same_srv_ rate：continuous.
land：symbolic.	is_host_login：sym- bolic.	dst ＿ host ＿ diff ＿ srv ＿ rate：continuous.
wrong_fragment：continuous.	is_guest_login：sym- bolic.	dst_host_same_src_ port ＿ rate：continu- ous.
urgent：continuous.	count：continuous.	dst ＿ host ＿ srv ＿ diff ＿ host ＿ rate：continu- ous.
hot：continuous.	srv ＿ count：continu- ous.	dst ＿ host ＿ serror ＿ rate：continuous.
num_failed_logins：continuous.	serror_rate：continu- ous.	dst_host_srv_serror_ rate：continuous.
logged_in：symbolic.	srv ＿ serror ＿ rate： continuous.	dst ＿ host ＿ rerror ＿ rate：continuous.
num_compromised：continuous.	rerror_rate：continu- ous.	dst_host_srv_rerror_ rate：continuous.
root_shell：continuous.	srv ＿ rerror ＿ rate： continuous.	

2. 实验评价标准

基于数据预处理的入侵检测系统的性能评价指标主要有检测率和误报率。现在我们给出检测率和误报率的定义：

$$检测率（true \ positive \ rate，简称 TPR）= \frac{正确检测出的攻击样本数量}{总的攻击样本的数量}$$

$$误报率（false \ positive \ rate，简称 FPR）= \frac{被错误判断为攻击的正常样本数量}{总的正常样本数量}$$

3. 数据预处理子系统的实验与性能分析

（1）实验说明。数据预处理子系统的主要工作是：首先对源数据进行过滤、清理，去除可能会对系统产生不良影响的"脏数据"和信息不完整数据。然后使用改进后的 TCM－KNN 算法（赋权 TCM－KNN 算法）进行进一步的处理。数据经过赋权 TCM－KNN 算法处理，得到一个个的聚类数据集。在算法进行聚类处理的同时，把那些跟聚类中心距离大于阈值的数据视为异常去除掉。

（2）实验结果分析。

1）对数据的基本处理结果。为了缩短实验时间，我们在 UCI 提供的 KDD Cup 1999 数据集中随机提取了选取 65957 条正常数据，包括 3782 条攻击数据和 56 条不完整数据。其中，要素数量为41,攻击类别数量22种。首先通过过滤、清理去除可能会对系统产生不良影响的"脏数据"和信息不完整数据,这一步通过简单的数据过滤算法即可完成,在此不再做详述。本步骤对源数据的处理结果见表12-4。

表12-4 对数据的基本处理结果

	数据总数	正常数据	攻击数据数量	信息不完整数据数量	要素数量	攻击类别数量
基本处理前	65957	62119	3782	56	41	22
基本处理后	64742	62119	2623	0	41	22

通过表12-4的数据可以看出,经过数据预处理子系统对源数据的过滤和清理,去除了所有的信息不完整数据和部分攻击数据,而正常数据的数量没变,从而减少了总数据量。

2)赋权TCM-KNN算法聚类分析结果。如前所述,UCI提供的KDD Cup 1999数据集中总共包含22种攻击类型。在使用赋权TCM-KNN算法对数据进行处理时,把数据划分为23种类型,其中包括22种攻击类型和正常数据类型。在赋权TCM-KNN算法中,K的值为$[q_{yi}k]$,经过反复试验,最终确定q_{yi}的值见表12-5。在确定整个K值的时候,只需要简单的修改k值即可得到。

表12-5 各数据类型对应权重

入侵行为名称	对应权重	入侵行为名称	对应权重	入侵行为名称	对应权重
back	0.05	ipsweep	0.02	phf	0.02
land	0.03	nmap	0.1	loadmodule	0.05
smurf	0.1	ftp_write	0.03	buffer_overflow	0.03
teardrop	0.03	imap	0.06	perl	0.02
neptune	0.02	multihop	0.02	rootkit	0.04
pod	0.03	warezmaster	0.02	guess_passwd	0.02
satan	0.1	spy	0.03	Normal	0.02
portsweep	0.06	warezclient	0.1	Abnormal	

将各个类型的对应权重带入赋权TCM-KNN算法中,采用十折交叉验证(ten-fold cross validation)的方法,重复实验六次,取检测率和误报率的平均值对几个方法进行对比实验。

为了说明本算法的有效性,我们选取TCM-KNN算法和著名的机器学习算法软件WEKA中的ANN算法、KNN算法,与赋权TCM-KNN算法进行比较。

在实验中,为了保证实验的公平性和可比性,我们对著名的机器学习算法软件WEKA中的ANN、KNN两种算法挑选不同的参数进行了多次实验,各取其检测效果最好的结果作为比较。其中ANN算法采用三层结构,输入层、中间层和输出层各一个,learningrate为0.3,momentum为0.2,training time为1000,validation threshold为20;KNN算法近邻数为10,各属性不带权重;TCM-KNN算法K取值50,置信参数为0.95。

赋权TCM-KNN算法,通过实验,我们选取实验效果最为理想的参数:k取值为600,置信参数为0.95。对应K的取值见表12-6。

表 12-6　各数据类型对应 K 值

入侵行为名称	对应 K 值	入侵行为名称	对应 K 值	入侵行为名称	对应 K 值
back	30	ipsweep	12	phf	12
land	18	nmap	60	loadmodule	30
smurf	60	ftp_write	18	buffer_overflow	18
teardrop	18	imap	36	perl	12
neptune	12	multihop	12	rootkit	24
pod	18	warezmaster	12	guess_passwd	12
satan	60	spy	18	Normal	12
portsweep	36	warezclient	60		

对比实验结果见表 12-7 所示。检测率渐变曲线示意图和误报率渐变曲线示意图如图 12-15,图 12-16 所示。

表 12-7　对比实验结果

算　法	检测率 /%	误报率 /%
ANN	95.5	0.48
KNN	96.9	0.39
TCM—KNN	98.6	0.10
赋权 TCM—KNN 算法	99.2	0.06

由表 12-7 的对比实验结果、图 12-15 检测率曲线示意图和图 12-16 误报率曲线示意图,不难看出,本文所述的赋权 TCM—KNN 算法在检测率上要略高于 ANN 算法、KNN 算法和 TCM—KNN 算法,而误报率则明显低于 ANN 算法、KNN 算法和 TCM—KNN 算法。因而,赋权 TCM—KNN 算法明显优于其他三种算法。

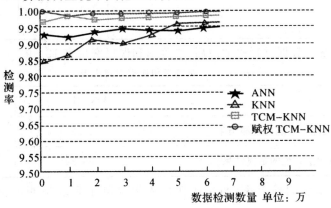

图 12-15　检测率渐变曲线示意图

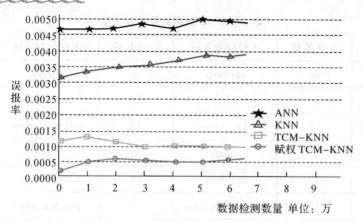

图 12-16　误报率渐变曲线示意图

4. 入侵检测子系统的实验与性能分析

(1)实验说明。为了验证其有效性,我们将前面经数据预处理子系统得到的数据,再用入侵检测子系统进行检验,用检验前后的检测率和误报率作为比较,来验证本系统的正确性和有效性。对于仲裁模块,由于在进行聚类分析前已经将信息不完整数据和脏数据去除掉,因此这类数据数应该是很少量的,本实验采用管理员仲裁的方法进行。

(2)实验结果分析。将数据预处理子系统处理过的数据送入入侵检测子系统,分别对各类数据分别进行相应处理。源数据、对数据基本处理后的结果、经数据预处理子系统处理后的最终结果和入侵检测子系对数据处理的最终结果见表 12-8。

表 12-8　系统各阶段对数据的处理结果

	数据总数	正常数据	攻击数据数量	不完整数据数量	要素数量	攻击类别数量
源数据	65957	62119	3782	56	41	22
基本处理结果	64742	62119	2623	0	41	22
数据预处理子系统的最终结果	62103	62082	21	0	41	22
入侵检测子系统的最终结果	62120	62117	3	0	41	22

入侵检测子系统对数据进行检测前后,检测率和误报率见表 12-9。

表 12-9　检测率和误报率对比表

	检测率 /%	误报率 /%
数据预处理子系统的检测结果	99.20	0.06
入侵检测子系统的最终结果	99.89	0.01

数据预处理子系统的检测率,与再次使用入侵检测子系统检测的检测率对比图如图 12-17 所示。

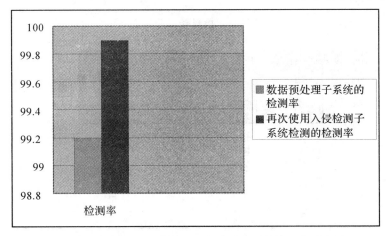

图 12 - 17　使用入侵检测子系统检测前后的检测率对比图

　　数据预处理子系统的误报率,与再次使用入侵检测子系统检测的误报率对比图如图 12 - 18 所示。

　　将本系统最终实验数据与前面实验中采用 ANN 算法、KNN 算法和 TCM－KNN 算法进行单一的异常检测的实验结果对比见表 12 - 10。

表 12 - 10　各种方法的实验结果对照表

入侵检测方法	检测率 /%	误报率 /%
ANN	95.5	0.48
KNN	96.9	0.39
TCM－KNN	98.6	0.10
基于数据预处理的入侵检测系统	99.2	0.06

　　本系统最终实验数据与前面实验中采用 ANN 算法、KNN 算法和 TCM－KNN 算法的检测率的实验结果对照示意图如图 12 - 19 所示。

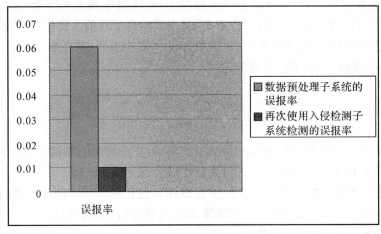

图 12 - 18　使用入侵检测子系统检测前后的误报率对比图

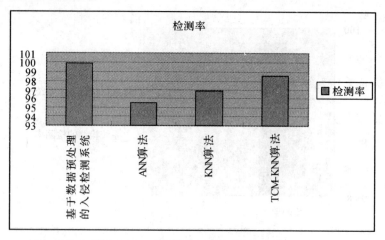

图 12-19　各种方法的检测率对照表

本系统最终实验数据与前面实验中采用 ANN 算法、KNN 算法和 TCM－KNN 算法的误报率的实验结果对照示意图如图 12-20 所示。

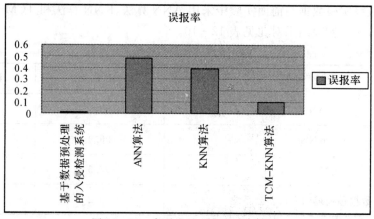

图 12-20　各种方法的误报率对照表

由表 12-9 和图 12-17,图 12-18 可以看出,经过数据预处理子系统检测过的数据,再次经过入侵检测子系统检验后,检测率进一步提高了,而误报率则大大降低,达到了预期效果。由表 12-10 和图 12-19、图 12-20 可以看出,基于数据预处理的入侵检测系统的实验结果明显优于其他算法的实验结果,即检测率高、误报率低。实验表明,基于数据预处理的入侵检测系统是可行的、正确的,达到了预期效果。

12.6　结论与展望

本书提出了基于数据预处理的入侵检测系统模型,在此模型的基础上通过巧妙设计,将异常检测和误用检测技术结合起来工作。主要做了以下几方面的工作:

(1) 对入侵检测技术的相关理论进行综合概述。包括对入侵检测技术进行概述,对常见入侵检测算法进行总结、对比、分析,对常见模式匹配算进行总结、对比、分析。通过对以上基础理论的研究分析,得出一些有用结论。

(2) 提出基于数据预处理的入侵检测系统模型。通过对模型进行巧妙设计,使数据预处理子系统和入侵检测子系统相互配合工作,从而达到将异常检测技术与误用检测技术有机结合的目的。

（3）提出 TCM－KNN 算法的改进算法——赋权 TCM－KNN 算法。一方面,新定义的奇异值使不属于正常样本的奇异值远远大于在该正常类中样本的奇异值,因而它能充分地将非正常数据与正常数据进行隔离。另一方面,在 K 值的确定过程中,针对不同类别采用赋权取整的方法来确定 K 值,进一步提高了算法的精确度。

（4）对 Snort 系统的预处理器和检测引擎进行改进,使其适用于入侵检测子系统。经过改进的 Snort 系统,能够将预处理子系统送来的数据按照不同类别分别送入预先设好的对应知识库中,对每一类数据分别进行误用检测。

笔者虽然取得了一定的成果,但入侵检测技术的研究工作还有很多,在本书研究的基础上,今后将在以下几方面继续开展研究:

（1）对基于数据预处理的入侵检测系统模型的两个子系统之间的协作作进一步研究,提高协作机制的智能性。

（2）进一步改进数据预处理子系统的聚类算法,使之能更适用于本模型。

（3）对整个系统作进一步的整合,对两个子系统的任务分配作进一步的研究,从而进一步提高检测效率。

（4）与其他入侵检测技术结合起来。把入侵检测技术与防火墙,身份认证、数据加密和数字签名等多种安全技术结合起来,共同构筑一个多层次的、动态的立体安全防御体系。

第十三章 网络应用——"互联网+"下 移动智慧校园应用体系的设计

通过"互联网+"打造智慧校园是有效促进高校搭建随时随地的学习交流平台和高效安全的"智慧校园"环境的重要载体。在智慧校园建设体系中,存在着基础好但不系统、想法好但难协调、创新多但难实现等诸多问题。基于此现状,系统、合理的智慧校园应用体系设计尤为重要。本书以智慧校园建设为切入点,阐述了智慧校园项目在国内外建设的现状,并对相关技术的实现做了分析和说明。并且结合 SDN 技术基于对统一身份认证等技术研究,构建了开放的系统集成规范和标准 API 接口,支持第三方校园应用的无缝集成和使用,实现了多功能应用的一站式登录,并通过对真实某大学在校生真实消费习惯数据的统计分析,对学校的管理决策提供了有效的数据支撑。本书总结了在现有教育资源的基础上建设智慧校园应用体系架构的研究方法,对校园的智能体系建设具有普遍的借鉴意义。

13.1 引言

基于"互联网+"的"智慧校园"指集成各类应用服务系统,搭建适合管理、教学、科研、校园生活的一体化的智慧化、智能化教学、学习、生活环境,并以物联网作为基础。主要是通过对物联网、云计算机和虚拟化等先进信息技术地运用,校园资源、学校师生的互动模式发生改变,校园资源、教学、管理、科研等应用系统被高度整合,提高各应用交互的响应速度、灵活性以及准确性,使人们能快速、准确地获取所需信息,从而实现智慧化服务和管理的校园新模式。在"互联网+"下,集云计算和物联网等先进信息技术于一体的智慧校园,在校园中有多方面的应用,对日常教、学、研、管等方面起到显著地促进作用。如物联网在校园安全、图书管理、资产管理等方面的应该,所带来的改变是相当明显的。云应用包括云存储和虚拟化等,云客户端的应用,给师生带来极大的便利。师生可以在随时随地使用同一平台,无须花费大量时间来熟悉不同的教学环境,从而大大减少在教学过程中遇到的障碍和困难。

本书结合实际情况,运用"互联网+"的新模式,利用 SDN(软件定义网络)构建了一种移动智慧校园应用体系,并且利用这一应用体系对 23000 名学生的真实消费数据进行了数据挖掘与分析,同时构建了一个数据分析平台。本书构建的移动智慧校园应用体系主要有以下三方面的核心特征:

1)根据识别用户角色,为每个人提供可定制的个性化服务,在一个统一的全面感知环境和综合信息平台上获取所需的服务。

2)集成学校各个应用系统,实现信息互联,系统协同,打破信息孤岛。

3)学校的大协同信息平台不仅实现校内的协同工作和信息共享,还为学校和外部环境的沟通提供接口。

13.2　相关研究

近来,国内不少学者提出了"智慧校园"的概念和建设思路。文献中提出了支撑智慧校园建设的五种关键技术,即学习情景 识别与环境感知技术、校园移动互联技术、社会网络技术、学习分析技术、数字资源的组织和共享技术。文献中结合物联网技术,将物理基础设施和 IT 基础设施普遍互联,实时监控,将获得的大量数据利用校园云处理,真正实现智慧校园。文献则基于物联网技术建设了高校智慧校园系统。而在文献以物联网为基础的智慧校园,利用先进的信息技术,建设各种先进应用服务系统作为载体,并将教研、学校管理和校园生活融为一体构建出一个新型智慧化大环境,快速、准确地将校园中的各业务过程中的相关信息反馈给人们。

归纳起来,国内智慧校园规划建设思路如下:

首先,构建随时随地的便捷上网环境。通过建设有线、无线网络覆盖带来的网络构架,实现在校内任何时间、任何地点、任何人、任何设备、任何内容之间进行的信息传播。其次,建设一个整合的数据环境,对计算环境和存储环境有较高的要求。通过整合校园的数据资源,推行统一标准的信息化管理,将来源于校内的管理部门和外部的相关业务实体的信息资源进行融合。再次,构建物联系统,提供能够支持各种智能终端、设施、设备联网的环境,加强 IPV6 网络建设,为学校与外部环境相互交流、感知提供接口。我国智慧校园研究还存在一些问题:研究开发的启动时间相对较晚,且没有统一的规划和开发准则;各职能部门还没有形成完善的管理机制,研究投入少;无长远的系统规划,信息化管理集成度还比较低;物联网技术的应用刚起步。欧洲发达国家比较在实现智慧校园和数字校园方面较仍比较落后,国内目前还没完全实施智慧校园管理信息系统的成功案例,大部分参与研究的高校都处于设计和实验阶段,未能呈现出一个完整的体系,实现智慧校园还有一段距离。

基于此,本书基于移动互联网,采用云计算模式构建区域性教育信息化应用解决方案,可以实行按教育局和集中式管理学校共同使用的 SAAS 应用软件服务的分布式三层架构 B/S 软件系统。智慧校园信息平台向智慧教育各类教育机构提供教育重点业务的普及性教育软件应用的咨询、教学、科研、实操、培训等综合服务内容;智慧校园信息平台提供包括教育基础信息库、普及课程课件库、专业课程课件库、办公自动化和公文流转、学籍和教务管理、人事档案管理、校产管理、学生选课、学业水平考试评价、综合素质评价、学分管理与学分认定、课堂教学研究(资源和视频公开课)、教育图片库、教育门户站群等多项功能服务,每一项应用功能对应一个独立的应用系统,各个应用系统可以独立运行,也可以协同运行,为各类教育机构和用户提供菜单式的选择。

同时,本章构建的数据分析平台对 23 000 名学生的消费数据进行统计分析,从而能让学校管理者了解学生动态,为管理决策提供技术支持。

13.3　智慧校园设计概况

1. 校园存在问题及解决方案

现在学校主要存在的问题有以下几项:

(1)拥有较为齐全的硬件设备,但在软件开发及应用方面却相当滞后。

(2)没有细化各应用系统功能,服务内容不够细致,具有该校特色的增值服务没有得到体现。空有高质量的校园网络,却不能满足学校管理、教学、生活等各方面的信息化需求。

各应用系统任意分割,没有统一的接口。由于软件系统以及数据标准不统一,导致多个信息孤岛的出现。目前,各应用系统只能供单一部门使用,所储存的数据也不能为其他部门直接使用。从而出现大量重复建设及数据冗余,造成有限的资金的浪费,同时给教学、科研、管理带来种种不便和麻烦。

缺乏可供使用的统一应用平台,从而无法统一共享资源和数据。不能保证数据的一致性和完整性。缺乏整体规划,缺乏全局性的决策数据,缺少信息服务集中展现多套账号信息孤岛,严重缺少统一系统,设计缺少规范和标准存在问题。

由上述问题可见,建设智慧校园迫在眉睫。学校的首要任务是结合自身软硬件实际情况,密切关注外部信息做到与时俱进,做好智慧校园项目的总体规划。并在此规划指导下,建设良好的信息环境以满足师生在教学、科研、管理、生活上的需求。以云计算、物联网为技术支撑,建设以教学为中心的网络教学与资源共享平台、教务管理系统、实践教学管理系统学生工作管理系统、云教室等;以校务为中心的办公自动化系统、人事信息管理系统、档案管理系统、外事管理系统、邮件管理系统、科研管理系统、经验积累平台和学报稿件管理系统;以校园生活为中心的智能植被灌溉系统、智能照明控制系统、智能安防系统、校园手机一卡通和智慧图书馆等。并建设统一身份认证平台、共享数据中心、统一信息门户平台三大支撑平台,实现账户统一管理、单点登录、统一消息和云终端。

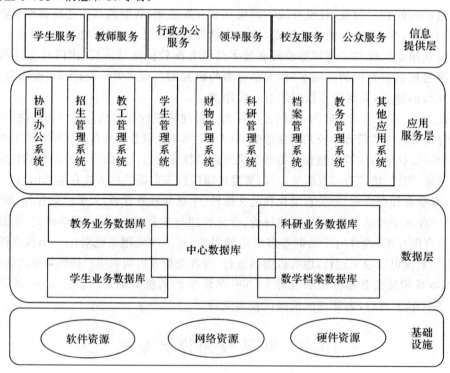

图 13-1 移动智慧校园体系模块图

2.智慧校园总体框架

总体框架利用了 SDN 技术,有效地节省了消耗的流量,整体如图 13-1 所示,自上而下可见,最顶层是与用户直接交互的统一门户服务;其次是服务整合;再之则是数据整合;最底层是基础设施整合。

(1)基础设施。主要工作是及时准确的收集处理各种信息,主要是通过 RFID 识别、红外感应器、视频采集、GPS 等技术和设备对校园信息进行采集和动态监控。除此之外,安全无误的把从硬件设备采集到的信息传送到数据层。以有线校园网为基础,无线校园网和移动网络的全面覆盖为智慧校园的建设提供了稳定、高速的网络环境。

(2)应用服务层。应用层数据的主要工作是有效的整合和管理各种信息,实现信息的统一管理。基于现有的各项管理系统,例如财务管理系统、学生管理系统、教工管理系统、科研管理系统、设备管理系统、后勤管理系统等,提供统一的管理平台,利用云计算、云存储的技术,应用服务架构如图 13-2 和图 13-3 所示。

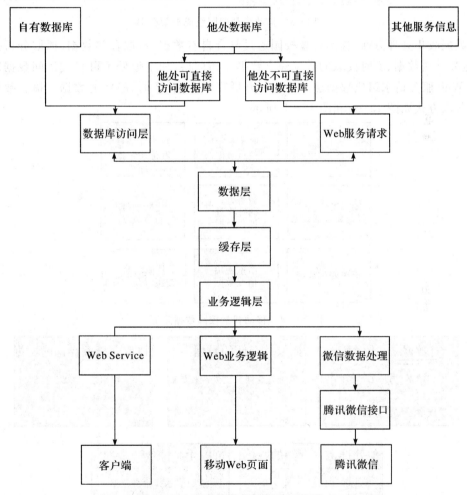

图 13-2 移动智慧校园组成框架图 A

(3)信息提供层。信息提供层的主要工作是为师生提供具体、有效地服务的平台。在这个平台上,师生可以使用共享的教学资源和科研资源,老师管理和了解学生的学习情况,查询相关的信息,提供生活服务。

3.智慧校园总体设计

基于移动互联网的智慧校园几乎支持所有的用户移动设备,满足大部分师生的需要。并且还为学校师生的教学科研开发出了开放平台开发包,可以面向全校师生提供安全、可靠的服务接口。

图 13-3   移动智慧校园组成框架图 B

在数据收集处理方面,移动智慧校园通过整合自有数据、抓取存储数据、抓取分析并存储数据、他处推送数据、实时读取的数据建立数据库访问层,加上他处不可直接访问数据库组成的其他 Web 服务请求组成数据层。为业务开展提供全面、实时、稳定的数据支撑。数据来源和数据获取方式如图 13-4 和图 13-5 所示。

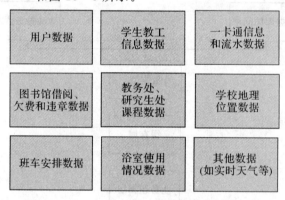

图 13-4   移动智慧校园数据来源

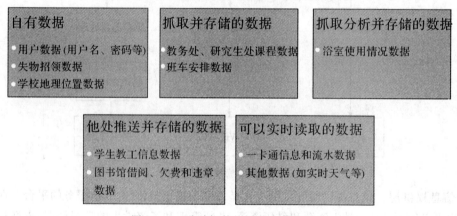

图 13-5   移动智慧校园获取数据方式

并且移动智慧校园利用 OAuth 即开放授权协议,其提供了一个安全、可靠的框架供第三方应用在一定授权和限制下访问 HTTP 服务如图 13-6 所示。

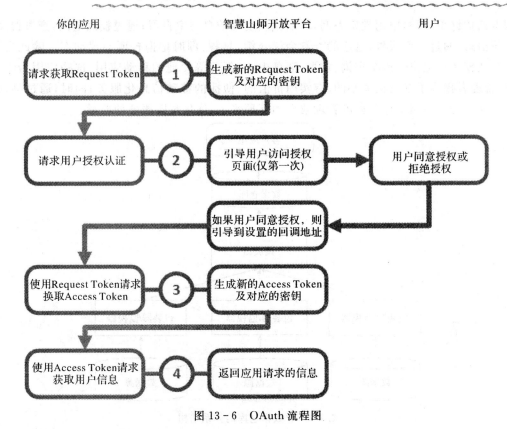

图 13-6 OAuth 流程图

OAuth 1.0a 的授权流程总体分为三个步骤：

1)服务使用者(应用)向智慧校园应用请求未授权的 Request Token。

2)服务使用者向智慧校园应用请求用户身份授权,智慧校园应用引导用户访问授权页面(仅第一次需要),经用户同意后 Request Token 变为已授权。

3)服务使用者使用已授权的 Request Token 向智慧校园应用换取 Access Token。

当第三方应用获取到 Access Token 后就可以使用其获取指定权限的用户信息了。

4.数据分析平台相关技术

数据分析平台是一个从挖掘知识到提供服务的过程,从数据分析平台的总体架构上来看,主要涉及了以下几个方面的知识。

数据库技术,作为数据分析平台的基础数据来源,需要从不同的业务系统数据库中集成数据(见图 13-7)。

数据仓库技术,面对海量数据,数据库技术已经不能满足人们的需要,人们更需要从一个集成的、稳定的数据集合上展开分析;

OLAP,与传统数据库中的联机事务处理(OLTP)主要涵盖日常操作相比,OLAP 更倾向于复杂的查询并在数据分析和决策方面提供服务;

数据挖掘技术,简单的数据分析,需要人工来提取知识,而数据挖掘技术可以依据不同的挖掘算法,通过自动分析数据,智能的获取知识。

移动智慧校园体系的建立,能有效地改善现有学习和生活模式,全面实现校园生活的移动化。如:通过登录手机移动端,选择校园一卡通查询,学生可以便捷地查看卡内余额,卡状态,查询卡消费详单;通过空闲教室查询,可以找到空闲的自习室自习;通过校园地图,查看校园内各建筑信息;通过讲座报告,迅速的查看会议介绍、日程,即时把握校园会议动态。除此之外,移动智慧校园还提供了班车查询、黄页、消息中心、新闻等便捷的移动应用,这些应用为学生、教师、管理者提供了其真正关心的、有实用价值的、便捷的移动信息化服务;同时,通过移动手段更有利于提高校园支撑服务的管理效率和管理水平,优化校园服务的质量。

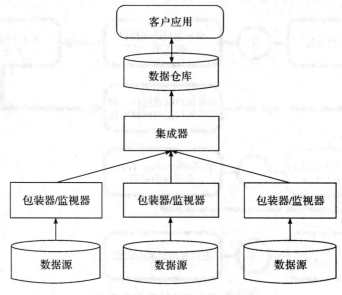

图 13 - 7　数据仓库的体系结构

13.4　移动智慧校园功能实现

本文设计的移动智慧校园体系主要实现了校园手机一卡通功能,校园地理信息系统功能,图书馆管理信息功能,自习室管理系统功能,浴室以及班车管理系统功能等基于整个校园的全平台功能实现。

基于 RFID 技术的手机一卡通,用户只需在手机中安装上 RFID-SIM 卡,就将校园 RFID 卡功能与手机功能合二为一。校园一卡通可实现门禁考勤、图书借阅、售饭消费、上机计时等感应式"一卡通"智能管理。一切凭卡操作,同时将持卡人的卡号、姓名、操作等情况记入读写器,由网络传至主控电脑。(见图 13-8)

通过 RFID 技术实现将图书位置定位至书架的固定层。图书馆内建设有自助借阅、自助还书系统。通过物联网技术,图书馆能够实现智慧化、人性化管理。利用 RFID 电子标签,存储书架、书车、书本的相关信息。例如,工作人员通过识别书籍的 RFID,获取到该书在书架上的准确信息,能快速将书籍归架数据中心。同时,在不同的客户应用服务端上,都可以查询借阅图书的相关信息。(见图 13-9)

基于 RFID 技术的浴室水控管理,可以实现用水自动化管理,主要功能如下:

信息数据实时显示:当 RFID 卡位于阅读器感应区时,阅读器就显示卡上余额,然后可立即进入用水计费状态。

消费模式:消费模式采用实时计费模式,即读卡就出水,并根据用水量实时进行扣费。

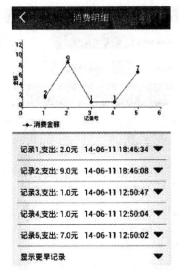

图 13-8　一卡通信息以及具体数据记录　　图 13-9　智能书籍信息展示

计费方式：按使用的流量计费，即外接脉冲流量表，可根据计算产生的流量进行计费。

同时移动智慧校园对实时状态监测返回的数据情况进行分析，为学生提供准确的浴室状态信息，起到便捷生活的作用。（见图 13-10）

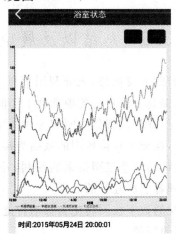

图 13-10　浴室状态监测

数据分析平台的分析过程通过数据挖掘的算法，主要运用了聚类算法，并且通过基于.NET 开发的移动智慧校园体系以可视化的界面展现给用户，从展示形式上主要有以下三方面：

1)用户群体的可视化。

2)用户消费情况可视化。

3)一卡通系统监测。

贫困生分析、个人信息查询、商户营业状况查询，主要以报表的形式向用户提交详细数据，如贫困生名单、个人消费记录、商户营业等。（见图 13-11，图 13-12）

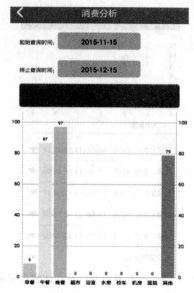

图 13-11　数据分析体系展示　　　　图 13-12　消费数据分析

　　由此,利用"互联网+"理念构建的智慧城市环境中移动智慧校园的体系就可以通过上述技术构建完成。

13.5　总结以及展望

　　智慧校园充分利用教学、科研的先发优势,充分利用信息和通信技术,从物联网、集成化、智能化出发,提高科研教学水平,提高学校自身各项管理工作的效率、效果和效益,提高学校的影响力,实现教育服务社会的职能,并且让智慧校园成为智慧城市有机的一部分。

　　而移动智慧校园体系的建立,在充分获得校园的数据为校园决策者提供技术支持的同时,也能让学生作为校园的主体体验移动智慧校园带来的便利,并且通过建立良好的反馈机制更好点的聆听学生的意见,从而达到各层次互补的效果。

　　利用互联网+的理念,将传统的数字校园转化为移动智能化校园,让身处校园的每一名学生都能体验到互联网给生活带来的变革。

　　笔者提出的移动智慧校园体系具有以下特点:

　　(1)用户在使用本系统应用的同时,会产生许多的行为习惯数据。对这些数据进行研究可以掌握使用者的心理波动和价值取向,有利于社会掌握舆论方向,制定方针计划等。

　　(2)系统服务端架设在云端,充分利用云计算、云存储技术,来加强数据的处理能力。使用分布式存储系统,提高系统的安全性,快速备份和恢复。

　　(3)本书的成果存在很强的共性,可以同时应用于党政机关、企事业单位门户等系统中,本书成果的其他潜在用户还包括教育主管部门、周边商业客户、广告客户等,产业化前景十分广阔。

　　今后工作的重点是,在结合物联网技术将物理基础设施和IT基础设施普遍互联起来的同时,基于决策系统取得的大体量数据的深度分析和智能决策将"智慧城市"建设提升到一个新的高度,充分发挥互联网在生产要素配置中的优化和集成作用,将互联网的创新成果深度融合于经济社会各领域之中,实现"互联网十"式经济形态,真正实现智慧校园,使校园发展更加的科学化、智慧化和人性化。

参考文献

［1］郑少仁,王海涛,等.Ad Hoc 网络技术［M］.北京:人民邮电出版社,2005

［2］谢希仁.计算机网络［M］.4 版,北京:电子工业出版社,2003.

［3］于宏毅,等.无线移动自组织网［M］.北京:人民邮电出版社,2005.

［4］陈林星,曾曦,曹毅,等.移动 Ad Hoc 网络［M］.北京:电子工业出版社,2006.

［5］肖永康,山秀明,任勇.无线 Ad hoc 网络及其研究难点［J］.电信科学,2002(6):12－14.

［6］林闯,单志广,任丰原.计算机网络的服务质量（QoS）［M］.北京:清华大学出版社,
　　2004:354.

［7］姚雄,王豪行.MAQF:一种新的移动 Ad Hoc 网络自适应 QoS 结构框架［J］.电子学报,
　　2002,30(5):727－730.

［8］朱慧玲,杭大明,马正新,曹志刚,李安国.QoS 路由选择:问题与解决方法综述［J］.电子学
　　报,2003(1):109－116.

［9］M S Garey,D S Johnson. Computers and Intractability:A Guide to the Theory of NP－
　　Completeness［M］. New York:W. H. Freeman & Co Ltd,1979.

［10］Zheng Wang,Jon Crowcroft. Quality－of－service routing for supporting multimedia
　　applications［J］.IEEE Journal on Selected Areas in Communications,1996,14(7):148
　　－154.

［11］龚本灿,李腊元,蒋廷耀.自组网 QoS 路由协议研究［J］.微计算机信息,2007,23(9－3):
　　123－125.

［12］朱晓亮.AdHoc 网络路由协议的研究［D］.合肥:合肥工业大学,2008.

［13］陈年生,李腊元.基于 MANET 的 QoS 路由协议研究［J］.计算机工程与应用,2004,23
　　(30):120－123.

［14］英春,史美林.自组网环境下基于 QoS 的路由协议［J］.计算机学报,2001,24(10):1026
　　－1033.

［15］Sivakumar R,Sinha P,Bharghavan V. CEDAR:A Core－extraction Distributed Ad
　　hoc Routing Algorithm［J］. IEEE Journal of Selected Areas in Communications,1999,
　　17(8):1454－1465.

［16］Chen S,Nahrstedt K. Distributed Quality of Service Routing in Ad hoc Networks［J］.
　　IEEE Journal of Selected Areas in Communications,1999,17(8):1488－1505.

［17］Toh C K. Maximum Battery Life Routing to Support Ubiquitous Mobile Computing in
　　Wireless Ad hoc Networks［J］. IEEE Communication Magazine,2001,(6):138－147.

［18］吴小兵,黄传河,等.一种新的移动 Ad hoc 网络中带宽保证的路由算法［J］.计算机工程
　　与应用,2003,39(2):177－180.

[19]赵为粮,等.移动 Ad Hoc 网络中 QoS 参数的相关性研究[J].电子学报,2006,34(3):1267－1269.

[20]崔勇,吴建平,徐恪,等.互联网络服务质量路由算法研究综述[J].软件学报,2002,13(11):2065－2075.

[21]张继军,高鹏.基于分组网络的服务质量保证[M].北京:北京邮电大学出版社,2004.

[22]张霞,于宏毅,杨锦亚.基于 AODV 的自组网 QOS 路由协议[J].电子与信息学报,2005,27(3):355－358.

[23]高圣国,王汉兴,胡细.一个优化的 AODV 路由协议[J].计算机工程与应用,2007,43(3):128－130.

[24]郭嘉丰,张信明,谢飞,等.基于节点空闲度的自适应移动 Ad Hoc 网络路由协议[J].软件学报,2005,16(5):960－969.

[25]邓曙光,王建新,陈建二.移动自组网中一种基于最稳路径的 QoS 路由[J].计算机工程,2002(9):45－47.

[26]董海燕.AdHoc 网络中 AODV 路由算法的研究与优化[D].南京:南京理工大学,2007.

[27]黄化吉,等.NS 网络模拟和协议仿真[M].北京:人民邮电出版社,2010.

[28]王晓东.MANET 网络的 QOS 路由研究[D].南京:河海大学,2004.

[29]徐雷鸣,庞博,赵耀.NS 与网络模拟[M].北京:人民邮电出版社,2003.

[30]谢飞,张信明,郭嘉丰,等.延迟主导的自适应移动 Ad hoc 网络路由协议[J].软件学报,2005,16(9):1661－1667.

[31]方路平等.NS－2 网络模拟基础与应用[M].北京:国防工业出版社,2008.

[32]王辉.NS2 网络模拟器的原理和应用[M].西安:西北工业大学出版社,2008.

[33]林锐,韩永泉.高质量程序设计指南:C＋＋/C 语言[M].北京:电子工业出版社,2007.

[34]罗万明,林闯,阎保平.TCP /IP 拥塞控制研究[J].计算机学报,2001,24(1):1－18.

[35]孔金生,任平英.TCP 网络拥塞控制研究[J].计算机技术与发展,2014,24,(1):43－46.

[36]武航星,慕德俊,潘文平,等.网络拥塞控制算法综述[J].计算机科学,2007,34(2):51－56.

[37]刘俊,谢华.一种改进的 TCP 拥塞控制算法[J].计算机工程,2011,37(13):95－97.

[38]孔金生任平英.TCP 网络拥塞控制研究[J].计算机技术与发展.2014,24(1):43－46.

[39]徐小卜.一类具有三条瓶颈链路的网络系统稳定性分析[J].电脑与电信,2011(11):46－48.

[40]汪小帆,孙金生,王执铨.控制理论在 Internet 拥塞控制中的应用[J].控制与决策,2002,17(2):129－134.

[41]叶丹.网络安全实用技术[M].北京:清华大学出版社,2002.

[42]周晓军.基于移动代理的反拒绝服务入侵检测系统模型研究[D],武汉:华中科技大学,2004.

[43] 李洋,方滨兴,郭莉,等. 基于主动学习和 TCM-KNN 方法的有指导入侵检测技术[J]. 计算机学报,2007 Vol. 30 No. 8:1464-1473.

[44] 边肇祺等. 模式识别[M]. 北京:清华大学出版社,1988.

[45] 何华灿. 人工智能导论[M]. 西安:西北工业大学出版社 1988.

[46] 胡侃,夏绍玮.基于大型数据仓库的数据采掘:研究综述[J].软件学报,1998,9(1):53-63.